SOB UM CÉU BRANCO

SOB UM CÉU BRANCO

A NATUREZA
NO
FUTURO

ELIZABETH KOLBERT

Tradução de Maria de Fátima Oliva Do Coutto

intrínseca

TÍTULO ORIGINAL
Under a White Sky

PREPARAÇÃO
Gabriel Demasi

REVISÃO
Camilla Savoia
Wendell Setubal

REVISÃO TÉCNICA
Luiz Otávio Felgueiras

DESIGN DE CAPA
Christopher Brand

ADAPTAÇÃO DE CAPA E DIAGRAMAÇÃO
Julio Moreira | Equatorium Design

CIP-BRASIL. CATALOGAÇÃO NA PUBLICAÇÃO
SINDICATO NACIONAL DOS EDITORES DE LIVROS, RJ

K85s
Kolbert, Elizabeth, 1961-
Sob um céu branco : a natureza no futuro / Elizabeth Kolbert ; tradução Maria de Fátima Oliva do Coutto. - 1. ed. - Rio de Janeiro : Intrínseca, 2021
224 p. : il. ; 23 cm.

Tradução de: Under a white sky
ISBN 978-65-5560-190-9

1. Natureza - Influência do homem. 2. Ecologia humana. 3. Proteção ambiental. 4. Engenharia ecológica. 5. Sustentabilidade. I. Coutto, Maria de Fátima Oliva do. II. Título.

21-69247 CDD: 363.7
CDU: 502.1

Camila Donis Hartmann - Bibliotecária - CRB-7/6472

[2021]

Editora Intrínseca Ltda.
Rua Marquês de São Vicente, 99, 3º andar
22451-041 — Gávea
Rio de Janeiro — RJ
Tel./Fax: (21) 3206-7400
www.intrinseca.com.br

1ª edição
ABRIL DE 2021
impressão
LIS GRÁFICA
papel de miolo
PÓLEN SOFT 80G/M²
papel de capa
CARTÃO SUPREMO ALTA ALVURA 250G/M²
tipografia
PALATINO

Aos meus meninos

Às vezes ele bate o martelo nas paredes, como que para avisar *à grande engrenagem de* resgate que entre em funcionamento. Não acontecerá dessa maneira exata — o resgate começará em seu próprio tempo, independentemente do martelo —, mas permanece sendo alguma coisa, algo palpável e ao alcance, um *símbolo*, algo que se pode beijar, como não se pode beijar o resgate.

— Franz Kafka

SUMÁRIO

Rio abaixo 11

Na natureza 69

No ar 145

Agradecimentos 201

Notas 205

Créditos das imagens 224

PARTE 1

RIO ABAIXO

CAPÍTULO 1

RIOS DÃO MARGEM A BOAS METÁFORAS — TALVEZ BOAS ATÉ DEMAIS. Podem ser turvos e carregados de significados ocultos, como o Mississippi, que para Mark Twain representava "o mais tenebroso e mais mortal em matéria de leitura".[1] Em contrapartida, também podem ser reluzentes, translúcidos e espelhados. Thoreau fez uma viagem de uma semana pelos rios Concord e Merrimack e, num único dia, mergulhou em reflexões ao admirar os reflexos brincando na água. Rios podem significar o destino, ou o alcance do conhecimento, ou fazer com que nos deparemos com o que seria melhor não saber. "Subir aquele rio era como viajar de volta aos primórdios do mundo, quando a vegetação desordenada tomava conta da terra", recorda o capitão Marlow de Joseph Conrad.[2] Podem representar o tempo, a mudança e a própria vida. "Ninguém pode entrar duas vezes no mesmo rio", teria dito Heráclito, e um de seus discípulos, Crátilo, teria retrucado: "Ninguém pode entrar no *mesmo* rio nem sequer uma vez."

Está uma manhã luminosa após vários dias chuvosos, e estou navegando pelo Canal Sanitário e de Navegação de Chicago, que não é bem um rio. O canal tem quase cinquenta metros de largura e corre reto como uma régua. Suas águas, na tonalidade de papelão velho, estão salpicadas de papéis de bala e pedaços de isopor. Nesta manhã específica, o tráfego consiste em barcaças que transportam areia, cascalho e produtos petroquímicos. A única exceção é a embarcação em que estou, um barco de passeio chamado City Living.

O City Living é equipado com assentos estofados em tom off-white e um toldo que balança ao sabor da brisa. A bordo também se encontram seu capitão e dono e vários membros de uma associação chamada Friends of the Chicago River. O grupo nada tem de monótono. Muitas vezes, em suas saídas, seus integrantes andam pela água poluída na altura dos joelhos para análises de coliformes fecais. Mas nossa expedição está programada para nos levar mais longe do que qualquer um deles já foi. Todos estamos animados e, verdade seja dita, um tanto assustados.

Chegamos ao canal saindo do lago Michigan, pelo braço sul do rio Chicago, e agora estamos nos dirigindo para o oeste, depois de passar por montanhas de sal usado para derreter neve, planaltos de ferro velho e agrupamentos de contêineres enferrujados de navios. Logo depois do perímetro urbano da cidade, contornamos os dutos de escoamento da Stickney, considerada a maior estação de tratamento de esgoto do mundo. Do convés do City Living, não dá para ver a Stickney, mas sentimos seu cheiro. A conversa gira em torno das chuvas recentes, que sobrecarregaram o sistema de tratamento de água da região e geraram um "sistema de esgoto combinado", ou CSO (na sigla em inglês). Não se sabe ao certo o tipo de "flutuantes" deixado à deriva pelo CSO. Alguém questiona se vamos encontrar algum peixe branco do rio Chicago, a gíria local para preservativos usados. Seguimos devagar. Por fim, o Canal Sanitário e de Navegação de Chicago se une a outro canal, conhecido como Cal-Sag. No encontro das águas há um parque em formato de V que exibe cachoeiras pitorescas. Como quase tudo que há pelo caminho, as cachoeiras são artificiais.

Se Chicago é a Cidade dos Ombros Largos, o Canal Sanitário e de Navegação pode ser considerado seu Esfíncter Gigante. Antes de sua construção, todo o lixo da cidade — excrementos humanos, estrume de vaca, esterco caprino e carniças dos animais criados em currais — era arrastado para o rio Chicago; diziam até que, por ser tão espesso em alguns pontos por causa da sujeira, uma galinha poderia atravessá-lo de uma margem a outra sem molhar os pés. Do rio, a sujeira fluía para o lago Michigan. O lago era — e ainda é — a única fonte de água potável da cidade. Surtos de tifo e cólera eram rotineiros.

O canal, projetado nos últimos anos do século XIX e inaugurado no início do século XX, virou o rio Chicago de cabeça para baixo. Obrigou-o a mudar de sentido: em vez de desembocar no lago Michigan, o esgoto da cidade seria afastado dele e seguiria para o rio Des Plaines e, de lá, para o Illinois, o Mississippi, e finalmente para o Golfo do México. A água do rio Chicago agora parece líquida, anunciava a manchete do *The New York Times*.[3]

A inversão do rio Chicago foi o maior projeto de obra pública da época, um exemplo didático do que se costumava chamar, sem ironia, de controle da natureza. A escavação do canal levou sete anos e culminou na invenção de um novo conjunto de tecnologias — a Mason & Hoover Conveyor, a Heidenreich Incline — que, juntas, ficaram conhecidas como a Chicago School of Earth Moving [Escola de Chicago de Modificação da Terra].[4] No total, foram retiradas 108 milhões de toneladas de rocha e terra, ou seja, o suficiente, segundo um comentarista entusiasta de cálculos, para construir uma ilha com mais de quinze metros de altura e três quilômetros quadrados.[5] O rio criou a cidade, e a cidade recriou o rio.

Contudo, inverter o fluxo do rio Chicago não apenas descarregou o esgoto em direção a St. Louis. Também subverteu a hidrologia de cerca de dois terços dos Estados Unidos. Isso gerou consequências ecológicas, que geraram consequências financeiras, que, por sua vez, forçaram uma nova rodada de intervenções no rio que corria em sentido inverso. É rumo a esse cenário que o City Living está singrando. Estamos nos aproximando com cautela, embora talvez não com a cautela suficiente, pois em determinado ponto, por pouco, o City Living não fica espremido entre duas barcaças com o dobro do tamanho.

A tripulação berra instruções a princípio incompreensíveis, e depois impublicáveis.

Cerca de cinquenta quilômetros rio acima — ou seria rio abaixo? — nos aproximamos de nosso objetivo. O primeiro sinal de que estamos nos aproximando é um cartaz. Do tamanho de um outdoor e da cor de um limão de plástico. ATENÇÃO. PROIBIDO NADAR, MERGULHAR, PESCAR OU ATRACAR. Quase de imediato surge outra placa, mas branca: SUPERVISIONE TODOS OS PASSAGEIROS, AS CRIANÇAS E OS ANIMAIS DE ESTIMAÇÃO. Várias centenas de metros adiante, aparece uma terceira placa, desta vez num tom vermelho marasquino. Ela alerta: PERIGO. ÁREA COM BARREIRAS ELÉTRICAS PARA PEIXES. ALTO RISCO DE CHOQUE ELÉTRICO.

Todos pegam o celular ou a câmera. Fotografamos a água, as placas e uns aos outros. A bordo brincamos que um de nós devia mergulhar no rio elétrico ou pelo menos enfiar a mão para ver o que acontece. Seis garças azuis grandes, na esperança de almoço fácil, se reúnem na margem com as asas coladas umas nas outras como alunos na fila do refeitório. Nós as fotografamos também.

Aquele homem deveria ter o domínio "sobre todas as feras e todos os répteis que rastejam sobre a terra", uma profecia que acabou se concretizando. Escolha a métrica que quiser e ela sempre contará a mesma história. A esta altura, a humanidade transformou diretamente mais da metade das terras não congeladas do mundo — cerca de setenta milhões de quilômetros quadrados — e, indiretamente, a metade restante.[6] Represamos ou desviamos quase todos os maiores rios do mundo. Nossos fertilizantes e plantações de legumes consomem mais nitrogênio do que todos os ecossistemas terrestres juntos e nossos aviões, carros e usinas elétricas emitem cerca de cem vezes mais dióxido de carbono do que os vulcões. Hoje rotineiramente provocamos terremotos. (Um abalo sísmico particularmente danoso, induzido pela interferência humana, atingiu Pawnee, em Oklahoma, na manhã de 3 de setembro de 2016 e foi sentido em toda a extensão do rio Des Moines.)[7] Em termos de biomassa pura, os números são espantosos: hoje a biomassa pura dos seres humanos supera a dos mamíferos selvagens numa escala de mais de 8:1. Acrescente-se a isso a biomassa de nossos animais domesticados — basicamente gado e porcos — e essa relação sobe para 22:1. Como foi observado em artigo recente publicado no *Proceedings of the National Academy of Sciences*, da Academia Nacional de Ciências dos Estados Unidos, "na verdade, os seres humanos e os rebanhos superam todos os vertebrados juntos, à exceção dos peixes".[8] Nós nos tornamos o maior fator de extinção e também, é provável, de especiação. O impacto do homem é tão abrangente que é considerado que vivemos numa nova era geológica — o Antropoceno. Na era do homem, não há para onde ir, e isso inclui as mais profundas fossas oceânicas e o interior da camada de gelo da Antártica, lugares que ainda não prejudicou.

Uma lição óbvia a aprender dessa mudança de rumo é: cuidado com o que deseja. Aquecimento atmosférico, aquecimento dos oceanos, acidificação dos oceanos, elevação do nível do mar, deglaciação, desertificação e eutrofização — esses são apenas alguns dos subprodutos do sucesso de nossa espécie. Tamanho é o ritmo do que é brandamente denominado "mudança global" que há apenas um punhado de exemplos comparáveis na história do planeta, dos quais o mais recente foi o impacto do asteroide que acabou com o reinado dos dinossauros há 66 milhões de anos. Os seres humanos estão produzindo climas inigualáveis, ecossistemas inigualáveis e todo um futuro inigualável. A esta altura, se faz prudente retroceder e reduzir nossos impactos. Mas somos tantos — enquanto escrevo agora, cerca de oito bilhões — e fomos tão longe, que recuar parece impraticável.

Então estamos diante de um dilema sem precedentes. Se houver uma resposta para o problema do controle, ela será obter ainda mais controle. Só que agora o que precisa ser controlado não é a natureza que existe — ou que se imagina existir — para além dos seres humanos. Ao contrário, o novo esforço começa com um planeta refeito e que gira em espiral em torno de si mesmo — não tanto o controle da natureza, mas o *controle do controle* da natureza. Primeiro você reverte um rio. Depois o eletrifica.

• • •

A sede do Corpo de Engenheiros do Exército dos Estados Unidos em Chicago ocupa um prédio neoclássico na LaSalle Street. Do lado de fora, uma placa informa que ali acontecera em 1883 a Convenção Geral dos Horários, que fora realizada com o objetivo de sincronizar os relógios do país. O método aprovado originou a redução de dezenas de fusos horários a apenas quatro, o que, em muitas cidades, resultou no que ficou conhecido como o "dia de dois meios-dias".

Desde sua fundação, no governo do presidente Thomas Jefferson, o Corpo de Engenheiros do Exército tem se dedicado a intervenções monumentais. Entre os muitos empreendimentos que mudaram o mundo, a instituição atuou nos seguintes: canal do Panamá, canal St. Lawrence Seaway, Represa Bonneville e Projeto Manhattan. (Para produzir a bomba atômica, a entidade criou uma nova divisão, denominada Manhattan District, a fim de ocultar o verdadeiro propósito do projeto.)[9] É sinal dos tempos o Corpo de Engenheiros estar cada vez mais envolvido na inversão do sentido de rios e em tarefas de segunda ordem, como a administração das barreiras elétricas no Canal Sanitário e de Navegação de Chicago.

Certa manhã, pouco depois da minha viagem de barco com o Friends of the Chicago River, visitei a sede do Corpo de Engenheiros em Chicago para falar com o engenheiro encarregado das barragens, Chuck Shea. A primeira coisa que notei ao chegar foram duas carpas asiáticas gigantes em cima de pedras perto do balcão da recepção. Como todas as carpas asiáticas, seus olhos ficavam perto da parte inferior da cabeça, fazendo com que parecessem estar de cabeça para baixo. Num curioso amálgama de fauna artificial, os peixes de plástico eram cercados de borboletas de plástico.

"Eu nunca imaginaria, quando estudava engenharia anos atrás, que passaria tanto tempo pensando num peixe", comentou Shea. "Mas, na verdade, é um ótimo assunto para festas." Shea é um homem baixinho que está ficando grisalho, óculos com aros de metal e a desconfiança de quem lida com problemas que palavras não são capazes de resolver. Perguntei como as barragens funcionam e ele estendeu a mão como se fosse apertar a minha.

"Nós pulsamos eletricidade dentro da hidrovia", explicou. "Basicamente, basta transmitir eletricidade suficiente à água para garantir um campo elétrico em toda a área."

"A força do campo elétrico aumenta à medida que você alterna indo contra a correnteza e depois a favor dela, então, se minha mão fosse um peixe, o nariz seria aqui", continuou, indicando a ponta do dedo médio, "e a cauda ficaria aqui". Apontou para a base da palma da mão e depois começou a mexer a mão estendida como se fosse um peixe.

"O que acontece é que, quando nada, o peixe experimenta uma voltagem elétrica no nariz e outra na cauda. É isso que faz com que a corrente na verdade passe por todo o seu corpo. É a corrente passando pelo peixe que lhe dá choques ou o eletrocuta. Então um peixe grande sofre uma grande diferença de voltagem do nariz à cauda. Um peixe menor não tem tanta distância para a voltagem cobrir, então o choque é menor."

Shea então se recostou na cadeira e colocou a mão no colo. "A boa notícia é que a carpa asiática é um peixe muito grande. É o inimigo público número um." Nesse instante argumentei que uma pessoa também é bem grande. "Cada pessoa reage de modo diferente à eletricidade", respondeu Shea. "Mas a verdade é que, infelizmente, pode ser fatal."

Ele me contou que o Corpo de Engenheiros entrou no ramo de barragens no final dos anos 1990, graças a um empurrão do Congresso. "Foi uma instrução bem direta: 'façam alguma coisa!'", disse.

O Corpo de Engenheiros recebeu uma tarefa bem complicada: transformar o Canal Sanitário e de Navegação de Chicago num lugar intransponível para os peixes sem impedir o movimento de pessoas, suas cargas ou seu esgoto. A entidade considerou mais de uma dezena de abordagens possíveis: aplicar veneno no canal, irradiá-lo com luz ultravioleta, bombardear ozônio, usar efluentes de usinas para aquecer a água e instalar filtros gigantes, entre outras. Chegou até a cogitar encher o canal com nitrogênio a fim de criar o tipo

MAPA DO RIO CHICAGO ANTES DA MUDANÇA DE DIREÇÃO

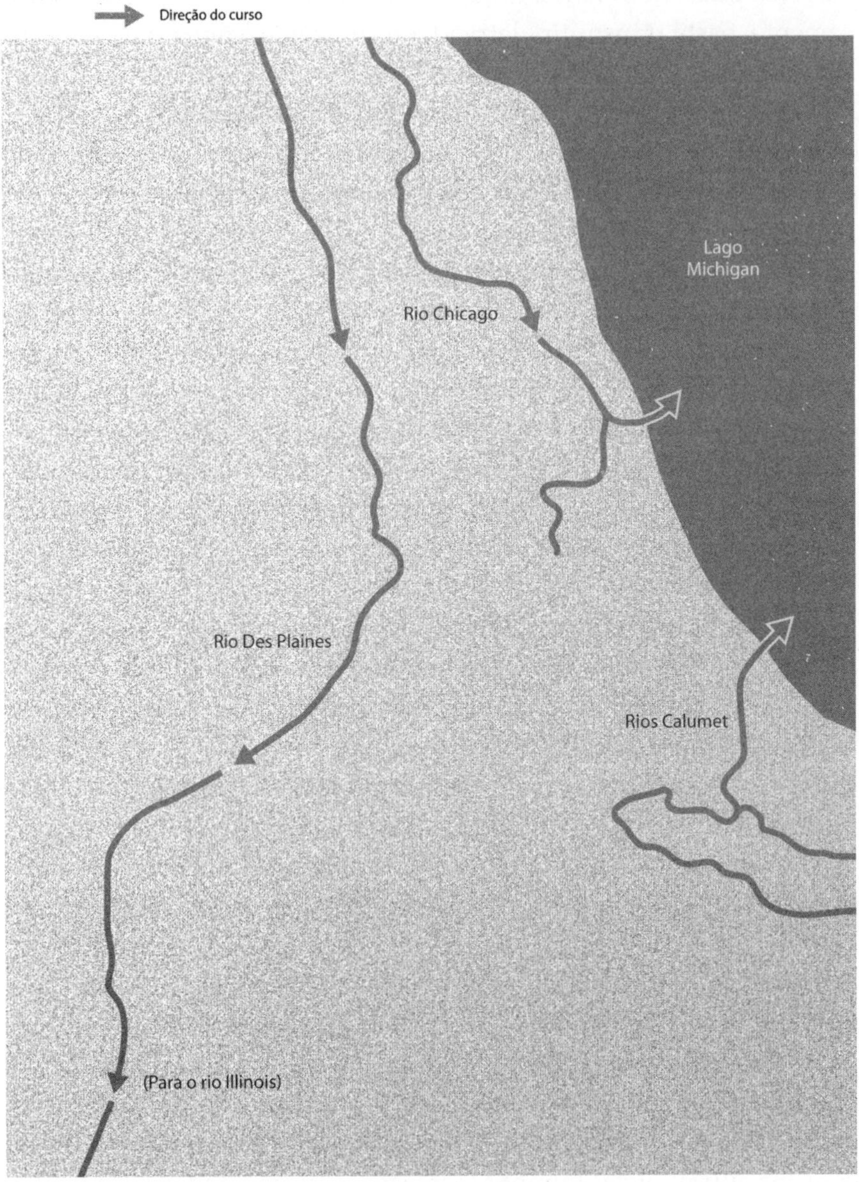

Antes da reversão de seu curso, o rio Chicago fluía para o lago Michigan.

MAPA DO RIO CHICAGO DEPOIS DA MUDANÇA DE DIREÇÃO

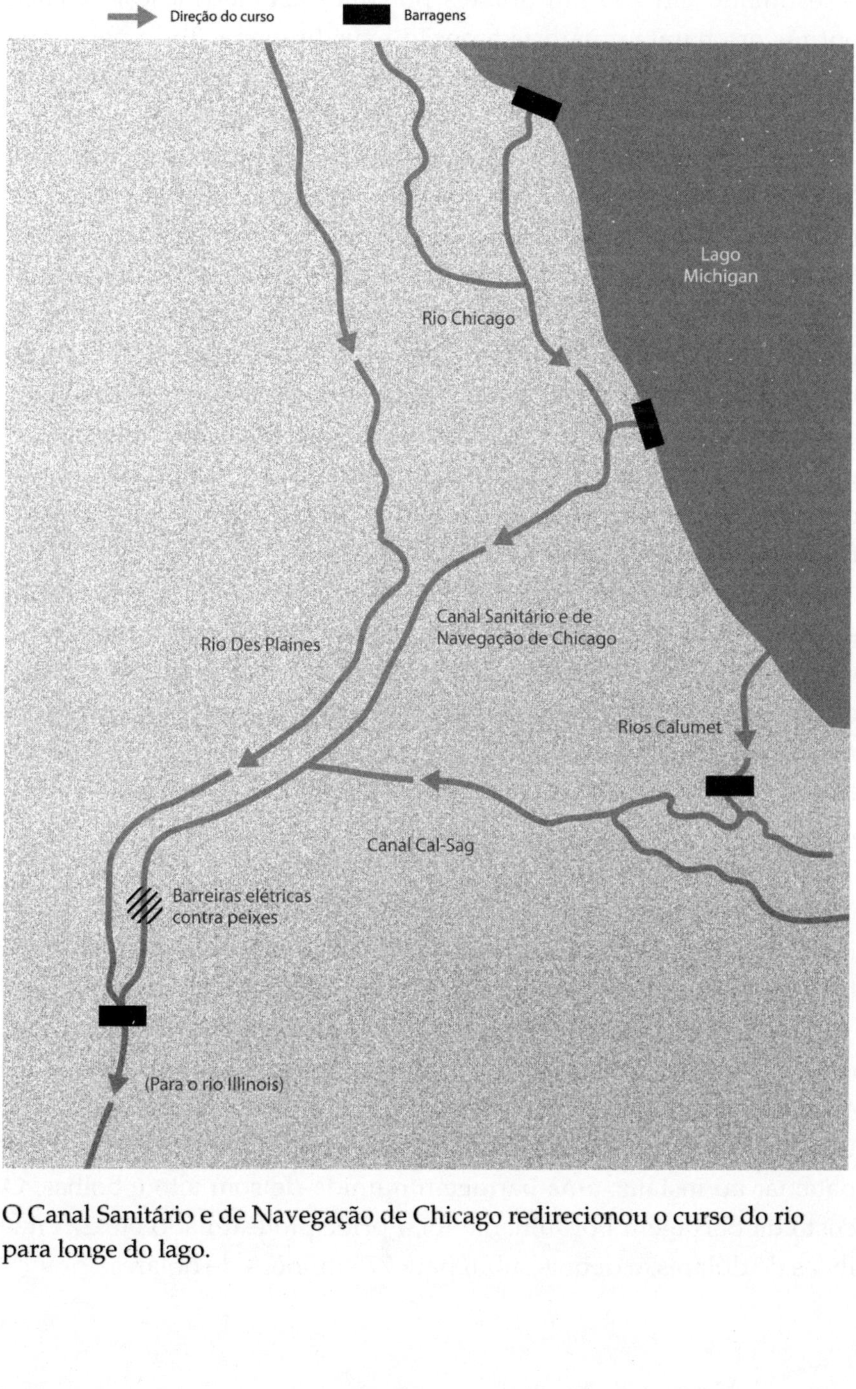

O Canal Sanitário e de Navegação de Chicago redirecionou o curso do rio para longe do lago.

de ambiente anóxico tipicamente associado às águas residuais não tratadas. (A última opção foi rejeitada em parte por causa do custo — estimado em 250 mil dólares por dia.)[10] A eletrificação venceu porque era barata e parecia a opção mais humana. Todo peixe que se aproximasse da barreira seria, esperava-se, afugentado antes de ser de fato morto.

A primeira barreira elétrica entrou em funcionamento em 9 de abril de 2002. A espécie que ela originalmente deveria expulsar era um intruso com cara de sapo, chamado góbio redondo (*Neogobius melanostomus*). Originário do mar Cáspio, ele é um agressivo consumidor de ovos de outros peixes. Estabeleceu-se no lago Michigan, e temia-se que usasse o Canal Sanitário e de Navegação de Chicago para sair do lago e chegar ao rio Des Plaines. Dali poderia nadar até o rio Illinois e alcançar o Mississippi. Contudo, como Shea explicou, "antes que o projeto pudesse ser ativado, o góbio redondo já tinha pulado para o outro lado". Ou seja, acabou sendo um caso em que o canal foi eletrificado depois que o peixe já tinha escapado.

Nesse ínterim, outros invasores — as carpas asiáticas — estavam se deslocando na direção oposta, subindo o Mississippi rumo ao rio Chicago. Se a carpa atravessasse o canal, como temiam, provocaria estragos no lago Michigan, antes de seguir em frente para provocar mais estragos nos Lagos Superiores, Huron, Erie e Ontário. Um político de Michigan alertou que o peixe poderia "arruinar nosso estilo de vida".[11]

"A carpa asiática é uma espécie invasora muito boa", me disse Shea. Mas na mesma hora ele se corrigiu: "Quer dizer, não é 'boa' — é boa em invadir. São adaptáveis e capazes de se reproduzir em muitos ambientes diferentes. E é isso que faz com seja tão difícil lidar com as carpas."

Mais tarde, o Corpo de Engenheiros instalou duas barragens adicionais no canal, aumentando a voltagem de modo significativo e, na época da minha visita, estavam substituindo a barreira original por uma versão mais potente. Também planejavam levar a luta a outro patamar ao instalar uma barragem munida de som alto e bolhas. O custo da barragem borbulhante foi a princípio estimado em 275 milhões de dólares, e depois subiu para 775 milhões de dólares.

"O pessoal brinca que é uma barragem-discoteca", comentou Shea. Pensei que ele provavelmente já devia ter usado aquela frase em alguma festa.

Apesar de as pessoas falarem da carpa asiática como se fosse uma única espécie, o termo abrange quatro peixes. Todos os quatro originários da China, onde são denominados em conjunto como **四大家鱼**, cuja tradução aproximada seria "os quatro mais famosos peixes domésticos". Os chineses os criam juntos em lagos e vêm fazendo isto desde o século XIII. A prática tem sido chamada de "o primeiro exemplo documentado de policultura integrada na história humana".[12]

Cada um dos quatro famosos tem seu próprio talento especial e, quando unem forças, são como o Quarteto Fantástico, praticamente imbatíveis. A carpa-capim (*Ctenopharyngodon idella*) se alimenta de plantas aquáticas. A carpa-prateada (*Hypophthalmichthys molitrix*) e a carpa-cabeça-grande (*Hypophthalmichthys nobilis*) cuidam da filtragem; as duas espécies de carpas sugam a água pela boca e depois limpam o plâncton usando estruturas semelhantes a pentes em suas guelras. A carpa-negra (*Mylopharyngodon piceus*) se alimenta de moluscos, como caramujos. Jogue dejetos agrícolas num lago e a carpa-capim irá comê-los. Suas fezes promoverão o crescimento de algas. Por sua vez, as algas alimentarão a carpa-prateada bem como minúsculos animais aquáticos, como as pulgas-d'água, a dieta preferida da carpa-cabeça-grande. Tal sistema permitiu aos criadores chineses safras incalculáveis de carpas — mais de 110 bilhões de quilos só em 2015.[13]

Por uma ironia típica do Antropoceno, o número de carpas nadando livremente na China caiu mesmo quando a população criada em viveiros disparou. Graças a projetos como a barragem das Três Gargantas, no Yangtze, os peixes dos rios vêm tendo dificuldade para procriar. Portanto, a carpa é, ao mesmo tempo, instrumento e vítima do controle humano.

Os quatro peixes famosos foram parar no Mississippi ao menos em parte por causa da *Primavera silenciosa* — outra ironia do Antropoceno.

No livro, cujo título provisório era *The Control of Nature* [O controle da natureza],[14] Rachel Carson denunciou justamente essa ideia.

"A expressão 'controle da natureza' foi concebida por pura arrogância, nascida na era Neandertal da biologia e da filosofia, quando se supunha que a natureza existia para atender à conveniência do homem", escreveu ela. Herbicidas e pesticidas representavam o pior tipo de pensamento do "homem das cavernas" — uma clava "arremessada contra a criação da vida".[15]

Rachel Carson alertou que a aplicação indiscriminada de produtos químicos era nociva ao ser humano, matava pássaros e transformava as vias fluviais do país em "rios da morte". Em vez de promover pesticidas e herbicidas, os órgãos governamentais deveriam eliminá-los; "uma variedade realmente extraordinária de alternativas" encontrava-se à disposição. Uma escolha particularmente recomendada por Rachel Carson era colocar um agente biológico contra outro. Por exemplo, um parasita podia ser importado para se alimentar de insetos indesejados.

"Neste livro, o problema — o vilão — era o amplo, quase irrestrito uso de produtos químicos, em particular os hidrocarbonetos clorados, como o inseticida DDT", me disse Andrew Mitchell, biólogo de um centro de pesquisa em aquicultura no Arkansas e estudioso da história da carpa asiática nos Estados Unidos. "Então, em resumo, este é o contexto: como vamos nos livrar do uso pesado de produtos químicos e ainda ter alguma espécie de controle? E isso provavelmente tem muito a ver com a importação de carpas. Esses peixes eram controles biológicos."

Um ano após a publicação de *Primavera silenciosa*, em 1963, o Serviço Nacional da Pesca e da Vida Silvestre dos Estados Unidos trouxe o primeiro carregamento documentado de carpas asiáticas para o país. A ideia era usar a carpa tal como Carson havia recomendado, para manter pragas aquáticas sob controle. (Ervas daninhas como o euroasiático pinheirinho-d'água — outra espécie introduzida — podem obstruir lagos e lagoas a ponto de barcos ou mesmo nadadores não conseguirem atravessá-los.) Os peixes eram filhotes de carpa-capim — "alevinos" — e foram criados na agência da Estação Experimental de Cultivo de Peixes em Stuttgart, Arkansas. Três anos depois, biólogos da estação obtiveram sucesso em fazer uma das carpas — agora em estágio adulto — desovar, gerando milhares de outros alevinos. Quase no mesmo instante, alguns escaparam. Filhotes de carpa chegaram ao rio White, um dos afluentes do Mississippi.[16]

Mais tarde, nos anos 1970, a Comissão de Pesca e Caça do Arkansas encontrou uma utilidade para a carpa-prateada e a carpa-cabeça-grande. O Clean Water Act, que estabeleceu a regulamentação da descarga de poluentes nas águas do país, acabara de ser aprovado e os governos locais estavam sofrendo pressão para obedecer às novas exigências. Entretanto, muitas das comunidades não tinham como aprimorar suas estações de tratamento de esgoto. A Comissão de Pesca e Caça achou então que criar carpas em lagos de tratamento poderia ajudar. As carpas reduziriam a quantidade de nutrientes nos tanques de tratamento ao consumirem as algas que proliferavam graças ao excesso de nitrogênio. Para a realização de um estudo, carpas-prateadas foram colocadas em lagoas de tratamento em Benton, subúrbio de Little Rock. Os peixes de fato reduziram a quantidade de nutrientes antes de escaparem, estes também. Ninguém sabe ao certo como, pois ninguém estava olhando.[17]

"Na época, todos procuravam uma forma de preservar o meio ambiente", revelou Mike Freeze, biólogo que trabalhou com carpas na Comissão de Caça e Pesca do Arkansas. "Rachel Carson tinha escrito *Primavera silenciosa*, e todos estavam preocupados com a química despejada na água. Não estavam nem de longe interessadas nas espécies não nativas, o que é uma lástima."

Os peixes — na grande maioria carpas-prateadas — jaziam em um monte. Havia dezenas deles, atirados vivos dentro do barco. Eu vinha observando os pescadores empilharem os peixes horas a fio, e, enquanto aqueles que estavam por baixo, imaginei, já deviam estar mortos, os de cima continuavam a respirar e a se debater. Achei que dava para detectar um vislumbre de acusação em seus olhos, mas não fazia ideia se eles realmente podiam me ver ou se tudo não era apenas fruto da minha imaginação.

Era uma manhã abafada de verão, poucas semanas depois do meu passeio no City Living. As carpas ofegantes, um trio de biólogos a serviço do estado de Illinois, vários pescadores e eu estávamos balançando a bordo de um barco num lago na cidade de Morris, a cerca de cem quilômetros a sudoeste de Chicago. O lago não tinha nome, pois a princípio não passava de um poço de cascalho. Para poder ir ao lago, tive que assinar um formulário da empresa proprietária declarando que, entre outras coisas, não portava nenhuma arma de fogo e não fumaria nem usaria "artefatos que produzissem fogo". O formulário mostrava o contorno do poço transformado em lago, que parecia um tiranossauro desenhado por uma criança. No lugar do umbigo do tiranossauro, caso tiranossauros tivessem umbigo, havia um canal ligando o lago ao rio Illinois. Tal providência fora tomada levando em consideração as carpas. A carpa precisa de água corrente para se reproduzir — ou isso, ou injeções de hormônios — mas, depois de desovar, ela gosta de se recolher em águas paradas para se alimentar.

Morris pode ser considerado o Gettysburg da guerra contra a carpa asiática. No sul da cidade, as carpas são uma legião; ao norte, são raras (embora o quão raras seja motivo para discussão). Muito tempo, dinheiro e carne de peixe são dedicados à tentativa de manter as coisas desse jeito. O processo é chamado de "barragem de defesa" e, supostamente, impede que carpas grandes cheguem às barreiras elétricas. Se a eletrocussão fosse obstáculo infalível, a barragem de defesa não seria necessária, mas ninguém com quem conversei, incluindo autoridades como Shea, do Corpo de Engenheiros, parecia ansioso em ver a tecnologia posta à prova.

"Nosso objetivo é manter as carpas fora dos Grandes Lagos", um dos biólogos me disse enquanto navegávamos pelo antigo poço de cascalho. "Não dependemos das barreiras elétricas."

No início do dia, os pescadores tinham lançado centenas de metros de redes de pesca, que agora puxavam de três barcos de alumínio. Peixes nativos — bagre-de-cabeça-chata ou corvina de água doce —

presos na rede eram soltos e jogados de volta no lago. As carpas ficavam jogadas no meio dos barcos até morrer.

No lago anônimo, a oferta de carpas parecia infinita. Minhas roupas, assim como meu notebook e meu gravador, ficaram salpicadas de sangue e lodo. Tão logo içadas, as redes eram lançadas de novo. Quando os pescadores precisavam ir de uma ponta a outra, simplesmente passavam por cima das carpas que se contorciam no meio do barco. "Quem escuta os peixes quando eles choram?", perguntou Thoreau. "Certa lembrança difusa impedirá o esquecimento de que fomos contemporâneos."[18]

As mesmíssimas características que tornaram os "peixes domésticos" famosos na China os difamaram nos Estados Unidos. Uma carpa-capim bem alimentada pode pesar mais de 36 quilos. Num único dia, é capaz de comer quase metade do próprio peso, e desovar centenas de milhares de ovos de uma só vez. As carpas-cabeça-grande podem ocasionalmente chegar a pesar até 45 quilos.[19] Têm testas salientes e parecem guardar rancor. Por não possuírem um estômago de verdade, comem quase que ininterruptamente.

A carpa-prateada é igualmente voraz; sua eficiência em filtrar é tanta que possibilita a eliminação de plânctons de até quatro mícrons — um quarto da espessura do mais fino cabelo humano. Em todos os lugares onde aparecem, as carpas competem com os peixes nativos até só restarem praticamente elas. Como o jornalista Dan Egan definiu: "Carpas-cabeça-grande e prateadas não apenas invadem ecossistemas. Elas os conquistam."[20] No rio Illinois, as carpas atualmente representam quase três quartos da biomassa de peixes; em outros cursos d'água, a proporção é ainda maior.[21] O prejuízo ecológico, entretanto, vai além dos peixes; teme-se que a carpa-negra, que se alimenta de moluscos, esteja dizimando os mexilhões de água doce, já ameaçados de extinção.

"A América do Norte tem a maior variedade de mexilhões do mundo", me disse Duane Chapman, biólogo e pesquisador do Serviço de Monitoramento Geológico dos Estados Unidos e especialista em carpas asiáticas. "Muitas espécies estão ameaçadas ou já extintas. E agora soltamos o mais eficiente malacófago de água doce do mundo em alguns dos lugares onde vivem as espécies de moluscos mais ameaçadas."

Um dos pescadores que conheci em Morris, Tracy Seidemann, usava uma camiseta de mangas cortadas e um macacão branco impermeável sujo de sangue. Reparei que ele tinha uma carpa tatuada em um de seus braços queimados de sol. Era uma carpa comum, ele me disse. As carpas comuns também são invasivas. Foram trazidas da Europa nos anos 1880 e provavelmente também provocaram muitos estragos. Mas vivem há tanto tempo no país que já nos acostumamos com elas. "Acho que eu deveria ter feito uma carpa asiática aqui", disse, dando de ombros.

Seidemann me contou que costumava pegar basicamente búfalo (*Ictiobus*), peixe originário do rio Mississippi e seus afluentes. (O búfalo lembra um pouco a carpa, mas pertence a uma família totalmente diferente.) Quando a carpa asiática chegou, a população de búfalos despencou. Agora, a maior parte de seu sustento vem do contrato com o Departamento de Recursos Naturais de Illinois, que o autoriza a pescar. Considerei grosseiro perguntar quanto ganhava, mas soube depois que os pescadores contratados faturam mais de 5 mil dólares por semana.

No final do dia, Seidemann e os demais pescadores prenderam os barcos em carretas e, com as carpas ainda nas embarcações, se dirigiram para a cidade. Os peixes, agora inertes e com os olhos opacos, foram despejados em uma carreta à espera.

Esse round de defesa da barreira continuou por mais três dias. A contagem final foi de 6.404 carpas-prateadas e 547 carpas-cabeça-grande. No total, pesavam mais de 22 mil quilos. A carga foi despachada para o oeste no caminhão, para ser transformada em fertilizante.

A bacia do rio Mississippi é a terceira maior bacia hidrográfica do mundo, superada em área apenas pelas do Amazonas e do Congo. Ela se estende por mais de três milhões de quilômetros quadrados e passa por 31 estados e por partes de duas províncias canadenses. A bacia tem formato de funil, com a ponta fincada no Golfo do México.

A bacia hidrográfica dos Grandes Lagos também é extensa. Estende-se por quase oitocentos quilômetros quadrados e contém 80% da reserva de água doce da América do Norte. Esse sistema, que tem o formato de um cavalo-marinho parrudo, corre rumo ao leste para desaguar no Atlântico, passando pelo rio St. Lawrence.

As duas grandes bacias hidrográficas fazem fronteira, mas são — ou eram — mundos aquáticos distintos. Um peixe (ou um molusco, ou um crustáceo) não tinha como pular para fora de um sistema de escoamento e entrar no outro. Quando Chicago resolveu seu problema de esgoto cavando o Canal Sanitário e de Navegação, um portal se abriu e os dois mundos aquáticos foram conectados. Durante quase todo o século XX, isso não representou um grande problema; o canal, carregado do esgoto de Chicago, era tóxico demais para servir como rota viável. Com a aprovação do Clean Water Act e a atuação de grupos como o Friends of the Chicago River, as condições melhoraram e criaturas como o góbio redondo começaram a esgueirar-se no canal.

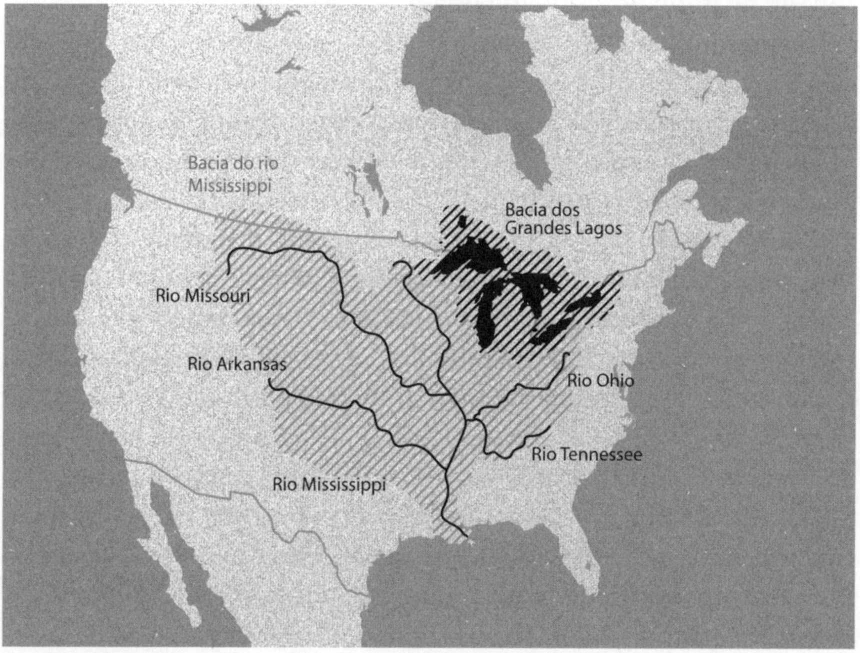

A inversão do rio Chicago conectou duas grandes bacias.

Em dezembro de 2009, o Corpo de Engenheiros desligou uma de suas barreiras elétricas no canal para realizar a manutenção de rotina. Acreditava-se que a carpa asiática mais próxima se encontrava a uns 24 quilômetros rio abaixo. Ainda assim, por precaução, o Departamento de Recursos Naturais de Illinois jogou dois mil galões de veneno na água. Resultado: 24.500 quilos de peixe morto.[22] Uma carpa asiática — uma carpa-cabeça-grande de quase sessenta centímetros de comprimento — foi encontrada em meio às outras. Sem dúvida, muitos peixes tinham mergulhado para o fundo antes de serem pegos pelas redes. Haveria mais carpas asiáticas entre eles?

Os estados vizinhos reagiram com fúria. Cinquenta membros do Congresso assinaram uma carta endereçada à entidade, expressando seu descontentamento. "Não pode haver ameaça maior ao ecossistema dos Grandes Lagos do que a introdução da carpa asiática", dizia a carta.[23] Michigan abriu um processo contra o estado de Illinois, exigindo que a conexão entre as bacias hidrográficas fosse destruída.[24] O Corpo de Engenheiros estudou as opções e por fim, em 2014, publicou um relatório de 232 páginas.

Segundo a avaliação do órgão, restabelecer a "separação hidrológica" seria, de fato, a maneira mais eficaz de manter a carpa fora dos Grandes Lagos. Isso levaria, de acordo com estimativa do Corpo de Engenheiros, 25 anos — três vezes mais que a escavação do canal original — e seu custo seria de mais de 18 bilhões de dólares.[25]

Muitos especialistas com quem conversei afirmaram que os bilhões seriam dinheiro bem gasto. Ressaltaram que cada uma das duas bacias tinha sua própria lista de invasores, alguns, como a carpa, trazidos de fora intencionalmente, mas a maioria foi trazida por acidente, na água de lastro dos barcos. Na bacia do Mississippi, a lista inclui: a tilápia do Nilo, a planta *Luziola peruviana*, do Peru, e o acará da América Central (*Amatitlania*). Na parte dos Grandes Lagos, estão: a lampreia-marinha (*Petromyzon marinus*), os esgana-gatos (*Gasterosteus aculeatus*), os apeltes quadracus (também da espécie *Gasterosteus*, mas com quatro espinhas), a pulga-d'água espinhosa (*Bythotrephes longimanus*), a pulga-de-água-anzol (*Cercopagis pengoi*), o caracol-de-lama neozelandês (*Potamopyrgus antipodarum*), o caramujo-válvula-

-europeu (*Valvata piscinalis*), orelhas-do-mar (*Radix auricularia*), o molusco casca-de-ervilha europeu (*Pisidium amnicum*), o caramujo-corcunda (*Psidium supinum*), o caramujo-pavão de Henslow (*Psidium henslowanum*), o lagostim vermelho (*Procambarus clarkii*) e o camarão vermelho-sangrento (*Hemimysis anomala*).[26] A maneira mais garantida de controlar os invasores seria obstruir o canal.

Mas ninguém que defendeu a separação hidrológica afirmou achar que ela um dia chegaria a acontecer. Alterar outra vez o rio Chicago significaria mudar mais uma vez a rota do tráfego de barcos da cidade, redesenhar os controles de inundações e reformular o sistema de tratamento de esgoto. Havia constituintes demais interessados em manter tudo como estava. "Em termos políticos, não tinha como ir adiante", me disse o líder de um grupo que apoiara a separação, mas acabara desistindo da ideia. Era bem mais fácil imaginar mudar o rio mais uma vez — com eletricidade e bolhas e barulho e tudo mais com que alguém pode sonhar — a mudar a vida das pessoas ao seu redor.

A primeira vez que fui atingida por uma carpa foi perto da cidade de Ottawa, em Illinois. A sensação foi de ter levado um golpe com um taco de beisebol no queixo.

O que as pessoas de fato reparam nas carpas asiáticas — o que literalmente pula em cima delas — é o salto da carpa-prateada. As carpas pulam ao ouvir o ronco de um motor de popa, então praticar esqui aquático em áreas infestadas de carpas no Centro-Oeste virou um tipo de esporte radical. Ver a carpa-prateada arqueando-se no ar é ao mesmo tempo deslumbrante — como assistir a uma apresentação de balé aquático — e aterrorizante — como se deparar com o início de um incêndio. Um dos pescadores que conheci em Ottawa contou ter sido derrubado e ter desmaiado ao ser atingido por uma carpa voadora. Outro pescador disse que perdera a conta dos ferimentos relacionados às carpas porque "você é atingido praticamente todo dia". Li sobre uma mulher que foi derrubada do Jet Ski por uma carpa e só sobreviveu porque alguém passando de barco por ali avistou seu colete salva-vidas balançando na água.[27] Inúmeros vídeos de acrobacias de

Carpas-prateadas, quando atiçadas, pulam para fora da água.

carpas estão disponíveis no YouTube, com títulos como "Carpocalipse asiático" e "Ataque das carpas asiáticas voadoras".

A cidade de Bath, em Illinois, situada num trecho do rio particularmente repleto de carpas, tentou faturar com o caos sediando uma espécie de torneio de pesca caipira anual, cujos participantes são encorajados a comparecer devidamente paramentados. "Equipamentos de proteção são altamente recomendados!", o site oficial do torneio informa.

No dia em que fui atingida, estava no rio Illinois com outro grupo de pescadores contratados para a "defesa da barreira". Na viagem estavam também vários outros "maria vai com as outras", incluindo um professor chamado Patrick Mills. Mills leciona no Joliet Junior College, situado a poucos quilômetros do local onde o Corpo de Engenheiros pretende erguer sua barreira "discoteca" com som e jatos d'água. "Joliet é uma espécie de ponta de lança", ele me disse. Usava um boné do time de beisebol do Joliet Junior College com uma câmera GoPro presa na aba.

Mills foi uma das várias pessoas que conheci em Illinois que, por razões nem sempre completamente nítidas para mim, decidiram se engajar na luta contra a carpa asiática. Químico de formação, desenvolveu um tipo especial de isca com sabor que, segundo ele, atrai carpas para as redes. Com a ajuda de um fabricante local, produziu um carregamento de protótipos. As daquele dia eram do tamanho e do formato de tijolinhos e produzidas basicamente com açúcar derretido. "São uma espécie de gambiarra", admitiu.

A isca testada naquele dia era a com sabor de alho. Provei uma delas e tinha o gosto, nada desagradável, de uma bala Jolly Rancher de alho. Mills me informou que na semana seguinte testariam a de anis. "O anis é um ótimo sabor para rios", afirmou.

O trabalho de Mills atraíra o interesse do Serviço de Monitoramento Geológico, e mandaram um biólogo pesquisador de Columbia, no Missouri — seis horas de estrada —, para ver como andavam os testes. O fabricante de balas que ajudara Mills a produzir as iscas também compareceu, acompanhado da mulher. O rio Illinois naquele ponto, a cerca de cento e trinta quilômetros de Chicago, era largo e sem tráfego. Um casal de águias de cabeça branca sobrevoou o rio, e peixes pulavam ao redor e às vezes dentro do barco. Todo o grupo estava num clima festivo, exceto pelos pescadores, para quem aquele era, digamos assim, só mais um dia normal de trabalho.

Poucos dias antes, os pescadores tinham lançado algumas dúzias de tarrafas, que parecem e funcionam como birutas. (As redes se expandem quando entra água e se recolhem quando não há água.) Metade das tarrafas continha as iscas de tijolos de Mills, penduradas em saquinhos de tela. A esperança era que as redes com iscas atraíssem mais carpas. Os pescadores não escondiam seu ceticismo. Um deles reclamou comigo do cheiro da bala para carpas, queixa que julguei curiosa, pois o odor com que ela competia era o fedor de peixe morto. Outro revirou os olhos como se achasse tudo aquilo puro desperdício de dinheiro.

"Na minha opinião, isso é uma piada", disse em determinado momento Gary Shaw, o mais falante do grupo, para Mills. O açúcar dissolvia tão rápido que ele não entendia como a carpa poderia sentir o sabor ou encontrar a isca. Mills respondeu de modo diplomático. "Temos essas ideias, mas só com essas conversas podemos aprimorá-las", disse. Quando todas as redes já haviam sido esvaziadas, os pescadores transportaram os peixes capturados para outro caminhão. Estes peixes também foram destinados à produção de fertilizantes.

Ideias sobre como manter a carpa asiática longe dos Grandes Lagos podem parecer tão numerosas quanto as carpas em si. "Recebemos ligações todos os dias", contou Kevin Irons. "Já ouvimos de tudo — desde barcaças para dentro das quais todos os peixes pulem até facas voadoras no ar. Algumas ideias são mais sérias do que outras."

Kevin Irons é o subchefe de atividades pesqueiras do Departamento de Recursos Naturais de Illinois e, como tal, passa a maior parte do expediente preocupado com as carpas. "Hesito em descartar qualquer ideia cedo demais", disse da primeira vez que conversamos, por telefone. "Nunca se sabe qual pensamento pode despertar interesse."

Para ele a melhor esperança de impedir a invasão seria recorrer ao que, com certa parcela de desconfiança, poderia ser visto como um agente biológico. Qual espécie é grande e voraz o suficiente para causar um sério estrago no número de carpas?

"Os seres humanos entendem de pescar exageradamente até acabar com os peixes", me disse Irons. "Então a questão é: como podemos usar esse ponto a nosso favor?"

Há alguns anos, Irons organizou um evento para incentivar a paixão, amar as carpas até a morte. Ele o chamou de CarpFest. Compareci ao primeiro encontro, realizado num parque estadual não muito distante de Morris. Perto do píer do parque, havia uma imensa tenda branca; lá, voluntários ofereciam todo tipo de brindes imagináveis representando a espécie invasora. Peguei um lápis, um ímã de geladeira, um guia de bolso intitulado *Invasores dos Grandes Lagos*, uma toalhinha de mão com os dizeres COMBATA A PROPAGAÇÃO DOS INVASORES AQUÁTICOS e um folheto com dicas de como se defender de carpas voadoras.

"Prenda a fivela 'Mate!' na sua roupa", advertia o folheto de dicas publicado pelo Centro de Pesquisa de História Natural de Illinois.

"Isso evitará que o barco continue a avançar caso você seja derrubado ou caia do barco." Ganhei, de uma empresa que transforma carpas em petiscos para animais de estimação, uma amostra grátis de biscoitos para cães que pareciam cobras mumificadas.

Encontrei Irons sentado perto de um mapa mostrando como a carpa asiática poderia usar o Canal Sanitário e de Navegação de Chicago para entrar no lago Michigan. Irons é um homem corpulento de cabelos brancos ralos e barba branca que tem a cara que o Papai Noel teria se o Papai Noel, fora da temporada, carregasse uma caixa de equipamentos de pesca.

"As pessoas têm uma paixão pelos Grandes Lagos, pelo ecossistema, apesar de ele ter sofrido grandes transformações", disse Irons. "Temos que tomar cuidado ao dizer, 'Ah, este sistema intocado', porque ele já não é realmente natural." Irons cresceu em Ohio, pescando no lago Erie. Nos últimos anos, o Erie foi tomado por algas que proliferaram e deixaram grandes extensões da água do lago com um tom de verde enjoativo. Caso as carpas asiáticas seguissem caminho e penetrassem no lago Michigan e dali fossem para outros lagos, as algas, segundo temem os biólogos, lhes proporcionariam um bufê liberado. Ao se empanturrar, a carpa poderia ajudar a diminuir o número de algas, mas, no processo, roubaria o lugar da pesca esportiva de peixes como o picão-verde e a perca.

"O lugar onde provavelmente veríamos o maior impacto seria o lago Erie", disse Irons.

Enquanto conversávamos, um homem grande abria uma grande carpa-prateada no centro da tenda, rodeado por um grupo de curiosos.

"Estão vendo? Eu uso a faca na diagonal", o homem, Clint Carter, explicou aos espectadores. Retirara as escamas do peixe e agora cortava longas tiras de carne de seus flancos.

"Vocês podem pegar essa carne, moer e fazer bolinhos e hambúrgueres de peixe", explicou Carter ao grupo. "Não dá para notar a menor diferença entre um hambúrguer de carpa e um de salmão."

É claro, a população da Ásia consome com prazer a carpa asiática há séculos. É justamente por este motivo que criam em cativeiro os "quatro famosos peixes domésticos", e, mesmo que indiretamente, foi por essa razão que chamaram a atenção dos biólogos americanos lá pelos anos 1960. Poucos anos atrás, quando um grupo de cientistas norte-americanos visitou Shanghai para aprender mais sobre o peixe, o *China Daily* publicou uma matéria intitulada "Carpa asiática: veneno para os americanos, iguaria para o povo chinês".

"O povo chinês come o saboroso peixe, rica fonte de nutrientes, desde os tempos antigos", afirmava o jornal.[28] Junto com a matéria, fotos de vários pratos de aparência suculenta, incluindo creme de carpa e carpa ensopada com molho chili. "Servir uma carpa inteira é símbolo de prosperidade na cultura chinesa", dizia o jornal. "Num banquete, é comum servir o peixe inteiro como prato principal."

A China é um mercado óbvio para a carpa asiática norte-americana. O problema, Irons me explicou, é que seria necessário congelar o peixe para exportá-lo, e os chineses preferem comprar peixe fresco. Os americanos, por sua vez, o rejeitam por ter muita espinha. A carpa-cabeça-grande e a carpa-prateada têm duas fileiras de ossos conhecidos como intramusculares, que têm o formato da letra Y e tornam impossível conseguir um filé sem osso.

"Quando ouvem falar de carpa asiática — 'carpa' é uma palavra de cinco letras — o povo faz 'eeeca'", disse Irons. Mas logo, quando provam, mudam a entonação. Teve um ano, recorda Irons, em que o Departamento de Recursos Naturais de Illinois serviu *corn dogs* de carpa na feira estadual: "Todo mundo adorou."

Carter, proprietário de uma peixaria em Springfield, é, como Irons, um promotor do consumo de carpa. Ele me contou que um de seus amigos teve o nariz quebrado por uma carpa voadora e, em consequência, precisou passar por uma cirurgia ocular.

"Precisamos controlá-las", afirmou. "Se conseguirmos pescar milhões e dezenas de milhões de quilos delas, já vai ajudar, mas a única forma de fazer isso é criar demanda para o produto." Ele pegou as tiras que tinha cortado, passou na farinha de rosca e fritou-as. Era um dia quente de fim de verão, e àquela altura, ele suava em bicas. Quando as tiras ficaram prontas, serviu-as como degustação e teve aprovação geral.

"Tem gosto de galinha", ouvi um menino dizer.

Por volta do meio-dia, um homem usando uma roupa branca de chefe de cozinha apareceu na tenda. Todos o chamavam de Chef Philippe, embora seu nome completo seja Philippe Parola. Parola, originário de Paris, agora mora em Baton Rouge e fez a viagem até o norte de Illinois — doze horas de carro, apesar de dizer que fez o percurso em dez — para promover sua ideia de prato arrasador.

Parola estava fumando um charutão. Distribuiu mais brindes — camisetas com a estampa de uma carpa fumando um charuto e espiando, alarmada, uma frigideira. SALVEM NOSSOS RIOS, escrito nas costas das camisetas. Ele também chegara trazendo uma caixa grande. Em um dos lados, os dizeres: SOLUÇÃO PARA A CARPA ASIÁTICA e, embaixo, SE NÃO VENCEMOS, COMEMOS! Dentro da caixa, bolinhos de peixe que pareciam almôndegas gigantes.

"Numa cama de espinafre, com um pouco de molho tártaro, pode ser servido como entrada", disse Parola com forte sotaque francês, enquanto passava oferecendo os bolinhos num prato. "Colocando dois desses com batatas fritas e molho rosé, podem ser servidos em estádios de futebol. Podem servir numa bandeja para uma recepção de casamento. Ou seja, a diversidade do produto é inacreditável."

Parola me contou que ele dedicara quase uma década de sua vida a elaborar seus bolinhos de carpa. Muito do tempo dispendido fora quebrando a cabeça para resolver o problema do osso em Y. Ele experimentou enzimas específicas e máquinas de desossar de alta tecnologia importadas da Islândia; o único resultado foi um mingau de carpa asiática. "Sempre que tentava cozinhar algo com ela, ficava cinza e com gosto parecido com pastrami", recorda. Por fim, concluiu que o peixe teria de ser desossado à mão, mas considerando o custo proibitivo da mão de obra nos Estados Unidos, precisaria terceirizar o serviço.

Os bolinhos levados para o CarpFest tinham sido preparados com peixes pescados na Louisiana, congelados e despachados para a cidade de Ho Chi Minh. Lá, relatou Parola, a carpa foi descongelada, processada, embalada a vácuo, congelada novamente e colocada em outro contêiner num navio rumo a Nova Orleans. Abrindo uma concessão para evitar o preconceito americano em relação às carpas, rebatizara o peixe de "silverfin", termo que havia patenteado.

Era difícil saber quantos quilômetros o "silverfin" de Parola tinha percorrido em sua jornada de peixe até petisco, mas calculei no mínimo trinta mil. Sem contar a viagem empreendida por seus ancestrais até chegar aos Estados Unidos. Aquilo de fato representava a "solução para a carpa asiática"? Tinha lá as minhas dúvidas, mas em todo caso, quando os bolinhos chegaram até mim, peguei dois. Eles eram, de fato, bem gostosos.

CAPÍTULO 2

O aeroporto de Lakefront em Nova Orleans fica numa ponta que parece uma língua esticada fazendo careta para o lago Pontchartrain. Seu terminal é uma esplêndida obra art déco que, na época de sua construção, em 1934, foi considerada moderníssima. Hoje, o terminal é alugado para casamentos e a pista usada por aviões pequenos, e foi assim que cheguei lá, alguns meses depois do CarpFest, para viajar na cabine de um monomotor Piper Warrior de quatro lugares.

O dono e piloto do Piper era um advogado semiaposentado que adorava encontrar desculpas para voar. Muitas vezes, ele me contou, se oferecia como voluntário para transportar animais resgatados entre abrigos. Cachorros, mencionou sem dizer com todas as letras, eram seus passageiros favoritos.

O Piper decolou na direção norte e sobrevoou o lago antes de dar a volta e pegar novamente a direção de Nova Orleans. Alcançamos o Mississippi na English Turn, a curva acentuada que transforma o rio num círculo quase fechado. Em seguida, continuamos a seguir o curso d'água até o condado de Plaquemines.

Plaquemines fica na extremidade mais a sudeste de Louisiana. É lá que o grande funil da bacia do Mississippi se estreita em formato de bico e o lixo e o refugo de Chicago finalmente são despejados no mar. Nos mapas, o condado parece um braço grosso e musculoso apontado para o Golfo do México, com o rio correndo como uma veia no meio. No final do braço, o Mississippi se divide em três, uma composição que lembra dedos ou garras, daí o nome da região — Bird's Foot [Pé de pássaro].

Visto do alto, a aparência do condado é bem diferente. Se é que é um braço, é um braço terrivelmente emaciado. Em quase toda sua extensão — mais de noventa quilômetros — é praticamente só veia. O pouco de terra firme que há se agarra ao rio por duas faixas fininhas.

Voando a uma altitude de dois mil pés, pude avistar as casas, as fazendas e as refinarias que ocupam as faixas, mas não os moradores que moram ou trabalham nelas. Mais além, mar aberto e pântanos irregulares. Em muitos pontos, as manchas dos pântanos eram cruzadas por canais. Ao que se presume, haviam sido escavados quando a terra era mais firme, visando à extração de petróleo. Em alguns lugares, pude ver os contornos do que no passado eram campos e hoje são lagos retilíneos. Grandes nuvens brancas, ondulando acima do avião, se refletiam nos charcos escuros lá embaixo.

Plaquemines tem a peculiaridade — no mínimo duvidosa — de fazer parte da lista dos lugares que estão desaparecendo com maior rapidez da face da Terra. Todos os seus habitantes — cada vez menos gente — podem apontar uma extensão de água onde costumava existir uma casa ou um campo de caça. Isso vale até mesmo para adolescentes. Há poucos anos, a Administração Nacional de Oceanos e Atmosferas (NOAA, na sigla em inglês) retirou oficialmente 31 nomes de lugares do condado de Plaquemines, entre eles Bay Jacquin e Dry Cypress Bayou, pois não havia mais ninguém nos locais.[1]

E o que está acontecendo com Plaquemines está acontecendo ao longo de toda a costa. Desde os anos 1930, o estado da Louisiana encolheu mais de cinco mil quilômetros quadrados. Se Delaware ou Rhode Island tivessem perdido esse tanto de território, os Estados Unidos teriam apenas 49 estados. A cada hora e meia, a Louisiana perde mais um pedaço de terra do tamanho de um campo de futebol. A cada poucos minutos, perde o equivalente a uma quadra de tênis. Nos mapas, o estado ainda pode parecer uma bota. Na verdade, contudo, a esta altura, a parte inferior da bota está em frangalhos, faltando não apenas a sola, mas também o salto e boa parte do peito do pé.

Diversos fatores são responsáveis pela "crise de perda de terras", como passou a ser chamada. Mas o principal é um prodígio da engenharia. Os terrenos afundando são para os condados em torno de Nova Orleans o que as carpas voadoras são lá para os lados de Chicago — a prova de um desastre natural causado pela humanidade. Milhares de quilômetros de diques, muros de retenção para conter as inundações e revestimentos foram erguidos para controlar o Mississippi. Como o Corpo de Engenheiros do Exército certa vez se vangloriou: "Nós o tornamos útil, endireitamos, regulamos, agrilhoamos."[2] Este vasto sistema, construído para manter seco o sul da Louisiana, é justamente o motivo de a região estar se desintegrando, desmanchando como um sapato velho.

Assim, uma nova rodada de projetos de obras públicas está em andamento. Se controle é o problema, então, de acordo com a lógica do Antropoceno, a solução deve ser ter ainda mais controle.

Comece a cavar em Plaquemines ou em praticamente qualquer lugar do sudoeste da Louisiana, e encontrará lama turfosa; a consistência do solo da região tem sido comparada com gelatina morna. Muito em breve, o furo estará cheio d'água. Isso dificulta manter objetos como caixões debaixo da terra, motivo pelo qual os mortos em Nova Orleans são enterrados em sepulturas acima do solo. Continue cavando e vai acabar encontrando areia e argila. Cave mais um pouco e encontrará mais areia e mais argila, e o mesmo processo vai se repetir por centenas — e por milhares, em alguns lugares — de metros. À exceção das que foram importadas para escorar os diques e reforçar as estradas, não há pedras no sudeste da Louisiana.

As camadas de areia e argila foram, por assim dizer, importadas também. Uma versão do Mississippi corre há milhões de anos, e durante todo este tempo carregou em suas costas largas grandes quantidades de sedimento — na época da venda da Louisiana, cerca de quatrocentos milhões de toneladas por ano.[3] "Não entendo muito de deuses, mas acredito que o rio é um poderoso deus marrom", escreveu T. S. Eliot. Quando o rio transbordava — o que acontecia basicamente toda primavera —, depositava seus sedimentos nas planícies. Estação após estação, camada após camada, argila, areia e lodo se acumulavam. Dessa forma, o "poderoso deus marrom" formou a costa da Louisiana com pedaços e partes dos estados de Illinois, Iowa, Minnesota, Missouri, Arkansas e Kentucky.

Como está sempre transportando sedimentos, o Mississippi está sempre em movimento. À medida que cresce o depósito de sedimentos, o fluxo do rio é interrompido e assim ele vai em busca de rotas mais rápidas para o mar. Seus mais perigosos avanços são chamados de "avulsões". No decorrer dos últimos sete mil anos, ocorreram avulsões seis vezes e em todas o rio acabou criando novas porções de território. O condado de Lafourche é o que sobrou do lóbulo formado durante o reinado de Carlos Magno. O de Terrebonne, o que restou de um delta da época dos fenícios. A cidade de Nova Orleans está situada em outro lóbulo — o St. Bernard — assentado mais ou menos na época das pirâmides. Muitos outros, ainda mais antigos, hoje estão submersos. O leque do Mississippi, um enorme cone de sedimentos depositados durante a era do gelo, agora repousa sob o Golfo; é maior que todo o estado da Louisiana e, em alguns pontos, tem três mil metros de espessura.

O condado de Plaquemines foi constituído dessa mesma maneira. Em termos geológicos, é o bebê da família. Começou a ser formado por volta de mil e quinhentos anos atrás, logo após o último grande avanço. Por ser o lóbulo mais jovem, seria plausível acreditar ser o mais duradouro, mas é justamente o contrário. O solo do delta, mole como gelatina, tende a perder água e ficar mais compacto com o decorrer do tempo. As camadas mais novas, mais encharcadas, perdem volume mais rápido, ou seja, tão logo um lóbulo cessa de crescer, começa a afundar. No sul da Louisiana, pegando emprestado de Bob Dylan, qualquer lugar que "não está ocupado nascendo, está ocupado morrendo".

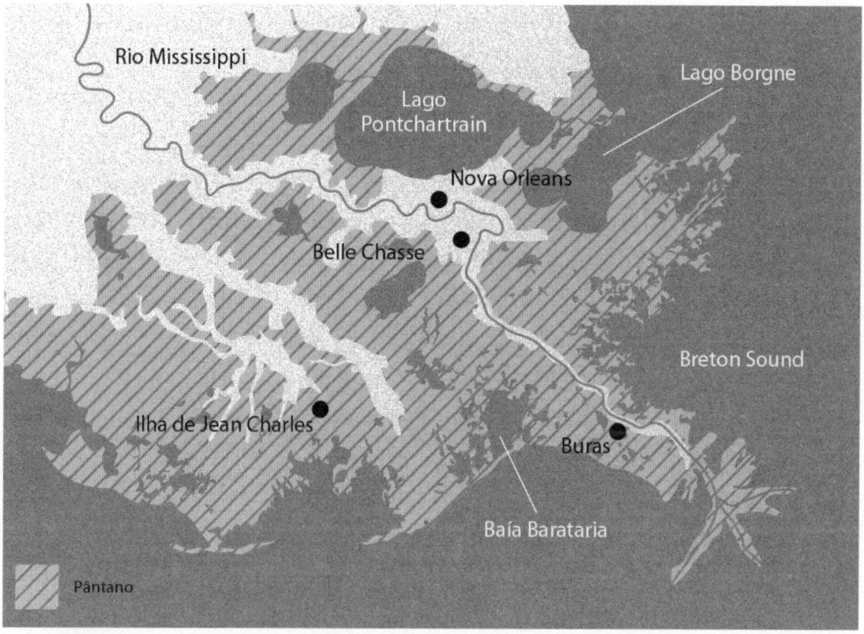

Grande parte do sul da Louisiana não é mais terra firme.

Difícil se assentar em um cenário tão mutável. Entretanto, os povos nativos americanos viviam no delta enquanto ainda estava sendo criado. Para lidar com os caprichos do rio, pelo que os arqueólogos conseguiram determinar, usavam a estratégia de acomodação. Quando o Mississippi transbordava, eles também procuravam um lugar mais alto.

Quando chegaram ao delta, os franceses consultaram as aldeias que viviam ali. No inverno de 1700, ergueram um forte de madeira no que hoje é a margem leste de Plaquemines. Um guia da aldeia Bayogoula tinha garantido a Pierre Le Moyne d'Iberville, comandante do forte, que o local era seco.[4] Se essa afirmação incorreta foi proposital ou se tudo não passou de um mal-entendido — já que "seco" no sul da Louisiana é um termo relativo —, o forte logo foi inundado. Um padre que visitou o local no inverno seguinte encontrou soldados andando "com a água batendo na coxa" para chegar a suas barracas.[5] Em 1707, o forte foi abandonado. "Não vejo como instalar colonos neste rio", escreveu o irmão de Iberville, Jean-Baptiste Le Moyne de Bienville, às autoridades em Paris para explicar a retirada.[6]

Bienville não desistiu e fundou Nova Orleans em 1718, apesar dos seus pés frios e encharcados. Em homenagem aos arredores alagados, a cidade foi batizada de L'Isle de la Nouvelle Orléans [A Ilha de Nova Orleans]. Não surpreende o fato de os franceses terem escolhido construí-la no ponto mais alto do terreno. O incoerente é que esse local fosse justo à beira do rio Mississippi, nas colinas formados pelo próprio rio. Durante as inundações, areia e outras partículas pesadas tendem a se depositar primeiro fora da água, criando o que é conhecido como *barreiras* naturais. (*Levée* em francês significa simplesmente "levantada".)

Um ano após sua fundação, a L'Isle de la Nouvelle Orléans sofreu sua primeira inundação. "O local ficou debaixo de dezesseis centímetros de água", escreveu Bienville. O assentamento permaneceria submerso por seis meses.[7] Em vez de recuar de novo, os franceses cavaram. Ergueram barreiras artificiais por cima das barreiras naturais e começaram a abrir canais de drenagem em meio ao lodo. Quase todo esse trabalho árduo foi executado por escravos africanos. Nos anos 1730, represas construídas por escravos se estendiam ao longo de ambas as margens do Mississippi cobrindo uma distância de mais de oitenta quilômetros.[8]

Essas primeiras barreiras, feitas de terra reforçada com toras de madeira, falhavam com frequência. Mas estabeleceram um padrão que dura até hoje. Como a cidade não mudaria de lugar para seguir o rio, o curso do rio teria que ser alterado para não provocar acidentes. A cada inundação, as barreiras eram aperfeiçoadas — e eram construídas mais altas, largas e compridas. Na Guerra de 1812, elas se estendiam por mais de 240 quilômetros.[9]

Poucos dias depois de sobrevoar Plaquemines, me encontrava observando o condado mais uma vez. A água do Mississippi estava subindo rapidamente, e temia-se que os portões da comporta localizada acima de Nova Orleans não estivessem funcionando. Se a água continuasse a subir e a comporta não abrisse, a cidade e os condados ao longo do rio seriam inundados. Eu acompanhava vários engenheiros, que começaram a demonstrar nervosismo. Também estava ansiosa, mas só um pouco, pois o Mississippi para o qual olhávamos tinha cerca de treze centímetros de largura.

O Centro de Estudos sobre o Rio é um núcleo de pesquisa filiado à Universidade do Estado da Louisiana. Está localizado perto do atual Mississippi, em Baton Rouge, num prédio que parece com uma pista de hóquei.

No centro do Centro há uma réplica do delta na proporção de 1:6.000, que vai da cidade de Donaldsonville, no condado de Ascension, até a ponta do Bird's Foot. O modelo de espuma de alta densidade foi fabricado de modo a imitar a topografia da região e tudo o que lhe foi acrescentado — barreiras, diques, comportas. Do tamanho de duas quadras de basquete, é resistente o bastante para andarmos sobre ele. Mas quando o protótipo está em funcionamento, como no dia em que estive lá, é difícil dar mais do que alguns poucos passos. Há poças grandes representando os lagos Pontchartrain e Borgne, que não são lagos de verdade, mas lagoas salobras. Outras poças representam a Baía Barataria e Breton Sound, enseadas do Golfo, e ainda outras poças que representam vários pântanos e remansos. Tirei os sapatos e tentei andar de Nova Orleans até o Golfo. Ao chegar ao English Turn, meus pés estavam molhados. Enfiei as meias ensopadas no bolso.

A maquete do delta, uma espécie de mapa em relevo do futuro, pretende simular a perda de terrenos e a subida do nível do mar e ajudar a testar estratégias para lidar com esses problemas. Em destaque numa das paredes do Centro, uma máxima atribuída a Albert Einstein: "Não podemos solucionar nossos problemas com o mesmo pensamento que usamos quando os criamos."

Na época da minha visita, a maquete era tão recente que o processo ainda estava sendo calibrado. A proposta envolvia realizar simulações de desastres bem documentados ocorridos no passado, como a inundação de 2011. Na primavera deste ano, uma grande profusão de neve derretida, somada a semanas de chuva intensa em todo o Centro-Oeste, resultou em níveis recorde de água. Para poupar Nova Orleans, o Corpo de Engenheiros do Exército abriu a comporta de Bonnet Carré, localizada a cerca de cinquenta quilômetros rio acima. (A Bonnet Carré desvia a água para o lago Pontchartrain; quando todos os portões estão abertos, o fluxo excede o das Cataratas do Niágara.) Na maquete, os portões da comporta eram representados por pequeninas tiras de metal presas a fios de cobre. Como nas tentativas anteriores os portões ficaram travados, um engenheiro tinha sido designado para observá-los sentado em uma cadeira dobrável. Ele parecia um Gulliver dos tempos modernos, inclinado sobre uma Lilliput inundada. Ele também, reparei, estava com as meias molhadas.

No mundo representado pela maquete, tanto o tempo quanto o espaço estão alinhados. Em seu cronograma acelerado, um ano passa em uma hora; um mês, em cinco minutos. Enquanto eu observava, as semanas voaram e o rio continuou subindo. Para o alívio dos engenheiros, desta vez os portões no diminuto Bonnet Carré abriram. A água começou a jorrar do Mississippi para dentro da comporta, e Nova Orleans foi poupada, pelo menos por enquanto.

Dois tanques separados serviam de nascente para o mini-Mississippi. Um fornecia água límpida. O outro continha o lodo do rio Little Muddy, embora não fosse lodo de verdade. Era sedimento simulado, importado da França e composto de microplásticos cuidadosamente triturados — pequeninos, pellets de meio milímetro de espessura para equivaler aos grãos de areia maiores e outros pellets ainda menorzinhos representando as partículas menores. O sedimento era preto como carvão e sobressaía contra a espuma representando o leito do rio e o terreno ao redor, pintados de um branco brilhante.

Durante a simulação da inundação, alguns dos pellets saíram pelas comportas e caíram no lago Pontchartrain. Outros se depositaram no leito do rio, onde formaram cavidades e bancos de areia em miniatura. A maioria tinha sido arrastada pela correnteza e chegado até depois de Nova Orleans e nos arredores de English Turn. Os canais do Bird's Foot ficaram tão espessos com a concentração do sedimento que pareciam cheios de tinta. Essa mistura de tinta fluía em redemoinhos escuros em direção ao Golfo do México, onde, caso fossem sedimentos de verdade, teriam feito desaparecer a plataforma continental.

Ali estava, preto no branco, o dilema da perda de território da Louisiana. Antes da existência de diques e comportas, uma primavera com clima superúmido como a de 2011 teria levado o Mississippi e seus afluentes a inundar as margens. As enchentes teriam provocado estragos, é verdade, mas teriam espalhado dezenas de milhões de toneladas de areia e argila por milhares de quilômetros quadrados da região. O novo sedimento teria formado uma nova camada de solo e, assim, combatido a subsidência.

Graças à intervenção dos engenheiros, não houve nem transbordamento, nem estragos e, portanto, tampouco houve formação de terras. Em vez disso, o futuro do sul da Louisiana foi varrido para o mar.

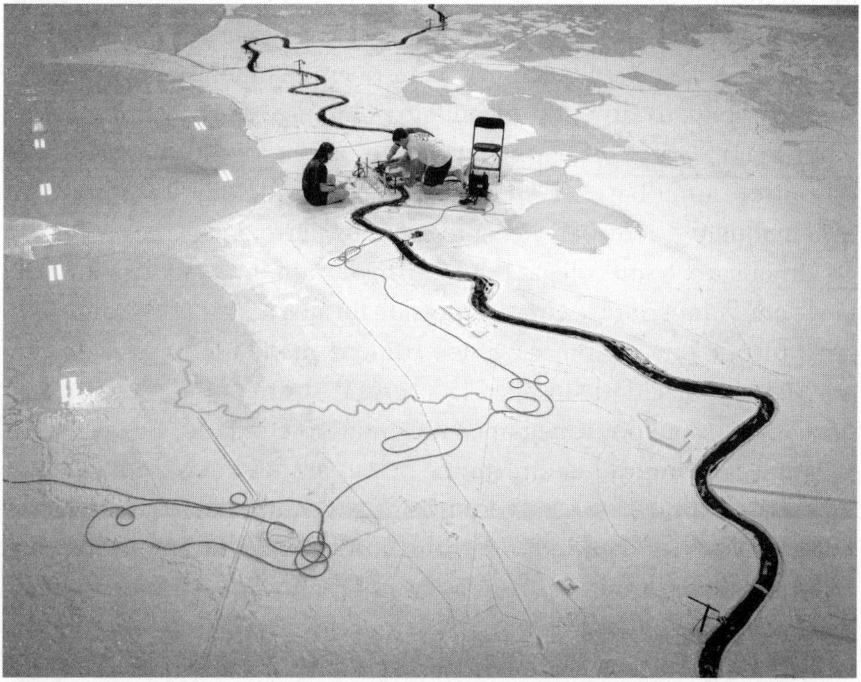

Maquete da Universidade do Estado de Louisiana recria o rio em miniatura.

• • •

Bem ao lado do Centro de Estudos do Rio Mississippi encontra-se a sede do Centro de Proteção e Revitalização Costeira (CPRA, na sigla em inglês). O órgão foi fundado em 2005, poucos meses depois da passagem do furacão Katrina, que devastou Nova Orleans e matou mais de 1.800 pessoas. Sua missão oficial é a implementação de "projetos relativos à proteção, conservação, melhoria e restauração da zona costeira do estado", uma maneira bonita de dizer que seu propósito é evitar que a região desapareça.

Certo dia, quando estava em Baton Rouge, encontrei dois engenheiros do CPRA na maquete do Mississippi. Enquanto conversávamos, alguém ligou os projetores no teto. De repente, os campos de Plaquemines ficaram verdes e o Golfo ficou azul. Uma imagem de satélite de Nova Orleans reluziu na junção entre o rio Mississippi e o lago Pontchartrain. O efeito foi deslumbrante, embora também um pouco incômodo, como quando Dorothy sai de um Kansas em tom sépia e chega a Oz.

"Como pode ver, não tem muita terra em Plaquemines", observou Rudy Simoneaux, um dos engenheiros. Ele usava uma camisa com o emblema do CPRA bordado, um círculo com mato de um lado, ondas do outro e uma barreira escura no meio. "É meio assustador olhar essa maquete e perceber o quanto estamos perto da água."

Simoneaux e seu colega, Brad Barth, dariam uma palestra naquela tarde em Plaquemines, então depois de termos admirado o mini-Mississippi por um tempo, partimos rumo à realidade. Nosso destino era Buras, uma cidade localizada a cerca de dezesseis quilômetros ao norte do Bird's Foot. Chegamos à capital do condado, Belle Chasse, a tempo de comprar sanduíche po'boys para o almoço, então continuamos na direção sul pela Rota 23, a única que liga as cidades na margem oeste do condado. Passamos por uma refinaria da Phillips 66, uma estufa de frutas cítricas e campos planos e verdes como mesas de sinuca.

Grande parte de Plaquemines está situada abaixo do nível do mar — quase dois metros abaixo, costumam dizer. Essa situação foi possível graças às barreiras — quatro conjuntos. Duas ao longo do rio, um em cada margem. Outros dois — conhecidos como "barreiras traseiras" — estão entre o condado e o Golfo, para evitar a entrada do mar. Os diques, que mantêm a água do lado de fora, também a mantêm dentro. Quando rompem ou transbordam, Plaquemines fica cheia como um par de banheiras compridas e estreitas.

Plaquemines foi devastada pelo Katrina, que pousou em Buras, e em seguida foi atingida de novo, poucas semanas depois, desta vez pelo furacão Rita, a mais severa tempestade já registrada no Golfo do México. Durante meses depois desses desastres consecutivos, a Rota 23 ficou bloqueada por barcos de pesca destruídos. Vacas mortas pendiam das árvores. Antecipando-se à próxima catástrofe, prédios públicos do condado erguem-se sobre improváveis deques. Onde outras escolas provavelmente têm um ginásio ou um refeitório no térreo, o colégio South Plaquemines High tem espaço livre suficiente para estacionar uma frota de caminhões. (O mascote do colégio é um furacão em movimento.) Muitas casas no condado foram igualmente erguidas. Passamos por uma que tinha sido erguida a uma altura vertiginosa; Simoneaux calculou que seus pilares tinham uns nove metros de altura.

"Essa aí realmente cresceu", observou. Margeávamos o rio, mas na parte interna, protegida pelos diques, então por longos trechos o Mississippi ficava invisível. De vez em quando, um navio surgia em nosso campo de visão. Da estrada, o barco parecia estar flutuando, não na água, mas no ar, como um zepelim.

Perto da cidade de Ironton, Simoneaux saiu da rodovia e pegou uma estradinha de cascalho. Estacionamos e pulamos o arame farpado para entrar no terreno imundo. O dia estava abafado e o campo, cheio de poças, fedia. No denso ar da tarde, moscas zumbiam, preguiçosas.

O terreno em que estávamos era um projeto chamado BA-39. Simoneaux explicou que, como o restante do delta, o BA-39 tinha surgido do Mississippi, só que não da maneira usual. "Imagine uma broca gigante de 2,5 metros no fundo do rio", ele disse. À medida que a broca perfura, arranca areia e lodo. Enormes bombas a diesel transportaram essa pasta jorrando por uma tubulação de aço de 76 centímetros de diâmetro. A tubulação percorrera oito quilômetros, da margem oeste do Mississippi, por cima dos diques do rio, por baixo da Rota 23, atravessando alguns pastos de gado, por cima dos diques traseiros, e, por fim, entrou em uma bacia de águas rasas da Baía Barataria, onde a lama saiu e foi se acumulando até ser espalhada por retroescavadeiras.

O BA-39 provara — não que fossem necessárias de fato mais provas — o que um número suficiente de tubulações e bombas a diesel são capazes de fazer. Cerca de um milhão de metros cúbicos de sedimentos percorreram um trajeto de oito quilômetros, resultando na criação — ou, para ser mais exata, na recriação — de 75 hectares paludiais. Ali estavam todas as vantagens das enchentes sem os caóticos efeitos colaterais: plantações de cítricos inundadas, pessoas afogadas, vacas penduradas em árvores. "Demoraram séculos criando terras e nós conseguimos isso em um ano", observou Simoneaux. O custo do projeto foi de 6 milhões de dólares, o que, segundo meus cálculos, significava que o acre no qual estávamos tinha custado cerca de 30 mil dólares. O título meio redundante de "plano piloto abrangente" do CPRA prevê dezenas de outros projetos de "criação de pântano", todos com valores na faixa de milhões ou, em alguns casos, dezenas de milhões de dólares. Mas a Louisiana disputa uma corrida com a Rainha Vermelha,* e nesta corrida tem que se mover duas vezes mais rápido só para empatar. Para acompanhar o ritmo de perda de terras, o estado precisaria produzir uma nova BA-39 a cada nove dias. Enquanto isso, com a broca perfuradora removida, as bombas desligadas e as tubulações retiradas, o pântano artificial já teria começado a secar e a afundar. De acordo com projeções dos órgãos responsáveis, em mais uma década, a BA-39 terá afundado novamente.

* No livro *Alice através do espelho*, a Rainha Vermelha diz a Alice: "Aqui é preciso correr o máximo que você conseguir, se quiser ficar onde está." A ideia do efeito da Rainha Vermelha foi proposta em 1973 pelo biólogo evolucionário Leigh Van Valen como metáfora da "corrida armamentista" entre espécies evoluindo em paralelo. *(N. da T.)*

• • •

Chegamos a Buras por volta das três da tarde e dobramos ao ver a placa anunciando Cajun Fishing Adventures. A placa mostrava patos e peixes saltando no ar como se assustados com algum tipo de explosão. Atrás de um canteiro de palmeiras, uma pousada em formato de A com uma piscina ao fundo.

Fomos recebidos por Ryan Lambert, guia de pesca recreativa e proprietário do alojamento. "Quero ensinar as pessoas a não darem ouvidos à publicidade", disse, explicando o motivo de ter se oferecido como anfitrião da reunião daquela noite. "Quero que elas vejam com os próprios olhos." Com esse objetivo, organizara uma flotilha de barcos para levar os participantes para passear pelo rio Mississippi. Fiquei em um grupo que incluía um repórter da Fox News local e o cachorrão preto de Lambert.

No rio, a temperatura era quase dez graus mais baixa que na costa. Uma brisa forte balançava as orelhas do cachorro como bandeiras. Seguíamos o rumo de outro barco e o repórter da Fox, tentando equilibrar a câmera no ombro, quase caiu dentro da água.

Ao contrário da margem oeste de Plaquemines, onde os diques se estendem por todo o percurso até o Bird's Foot, na margem leste os diques param no ponto onde seria o cotovelo, se o condado fosse de fato um braço. Ao sul do cotovelo, o rio transborda regularmente. Às vezes, abre um novo canal, arremessando água e sedimentos para novas direções e, no processo, criando novas terras.

"Tudo o que vocês estão vendo era água", disse Lambert quando passamos por um grande trecho verde. "Agora está exuberante e lindo." Seus óculos escuros espelhados refletiam o sol baixo do finalzinho de tarde e o rio cor de chá.

"Olhem todos esses salgueiros novos!", exclamou. Pilotava com uma das mãos e gesticulava com a outra. "Olhem as aves!" O repórter da Fox perguntou o nome do lugar.

"Difícil dar um nome, porque não tem nome, porque é novo", Lambert respondeu. "Esta é a terra mais nova do mundo!"

Entramos e saímos de baías pantanosas sem nome. Um jacaré grande que tomava sol em um tronco mergulhou quando passamos. "Não é lindo?", Lambert não parava de repetir. "Quando venho aqui, me sinto ótimo! Quando vou para a margem oeste, tenho vontade de vomitar." O pântano recém-nascido cheirava a grama recém-cortada. Ao longe, era possível ver a silhueta de uma gigantesca plataforma de petróleo debruçada acima do Golfo.

De volta à margem oeste, no alojamento, a reunião estava prestes a começar. Uma tela tinha sido instalada em uma sala decorada com uma cabeça de alce, um esquilo empalhado, e vários peixes exibidos em poses chamativas. Havia cerca de cinquenta pessoas, algumas acomodadas nos sofás e outras encostadas nas paredes abaixo do alce e dos peixes.

Barth começou com uma apresentação de slides. Explicou a geologia da região — como a costa fora construída ao longo dos milênios, lóbulo por lóbulo do delta, enquanto o Mississippi se revirava. Depois se debruçou sobre o problema: como dois milhões de pessoas viveriam numa região que está afundando no esquecimento? As perdas foram particularmente acentuadas, ele observou, no próprio jardim. A área em torno de Plaquemines já encolhera uns 1.800 quilômetros quadrados.

"Estamos numa árdua batalha contra o aumento do nível do mar e a subsidência", disse Barth. O CPRA continuaria a perfurar e instalar tubulações. "Tentaremos dragar cada grama de sedimento do rio que pudermos", prometeu. Porém projetos como o BA-39 eram incompatíveis com a escala do desafio: "Preciso ousar mais."

Quando o rio Mississippi arrebenta e atravessa seus diques, sejam eles naturais ou construídos pelo ser humano, essa abertura é chamada de "fenda". Durante grande parte da história de Nova Orleans, o termo foi sinônimo de desastre.

Em 1735, uma enchente provocada por uma fenda inundou quase toda a cidade de Nova Orleans, que na época consistia em 44 quarteirões.[10] A fenda de Sauvé foi aberta na margem leste do Mississippi em maio de 1849. Um mês depois, um repórter do *The Daily Picayune*, observando Nova Orleans da cúpula do hotel St. Charles avistou "um lençol de água salpicado de casas em inúmeros pontos".[11] Em 1858, 45 fendas abriram-se nos diques da Louisiana; em 1874, 43, e em 1882, 284.[12]

No desastre que ficou conhecido como "a grande enchente de 1927", 226 fendas foram relatadas.[13] A enchente inundou 43.452 quilômetros quadrados em cerca de seis estados. Deixou mais de meio milhão de pessoas desabrigadas, causou um prejuízo avaliado em 500 milhões de dólares[14] (mais de 7 bilhões de dólares em valores atuais), e representou um grande divisor de águas. "Acordei de manhã e nem consegui sair pela porta", lamentou Bessie Smith na música "Backwater Blues".

Uma representação da época da fenda de Sauvé.

Em resposta à "grande enchente", o Congresso efetivamente se encarregou do controle das inundações ao longo do Mississippi e confiou a tarefa ao Corpo de Engenheiros do Exército. Joseph Ransdell, na época senador sênior dos Estados Unidos pela Louisiana, considerou o Flood Control Act of 1928 a mais importante legislação relacionada à água "desde o início dos tempos".[15] O Corpo de Engenheiros aumentou o número de diques — em quatro anos foram acrescentados mais 402 quilômetros[16] — e reforçou-os. (Em média, tiveram acréscimo de um metro, enquanto seu volume quase dobrou.)[17] A entidade também acrescentou um novo elemento — as comportas, como a Bonnet Carré. Quando o rio estava cheio, os portões das comportas eram abertos, aliviando a pressão nos diques. Um poema em homenagem aos esforços do Corpo de Engenheiros declarava:

O projeto era uma obra-prima da engenharia
Concebido por especialistas, um grandioso baixo-relevo,
Diques, canais de escoamento e outros aprimoramentos
Unidos em um projeto beneficente.[18]

Graças ao "projeto beneficente", a época das fendas chegou ao fim. Mas com o fim das enchentes do rio os sedimentos também chegaram ao fim. Na sucinta formulação de Donald Davis, geógrafo da Universidade do Estado da Louisiana, "o rio Mississippi foi controlado; terras foram perdidas; o meio ambiente mudou".[19]

O "ousado" projeto do CPRA para salvar Plaquemines consiste em reabilitar a fenda para uma nova era pós-fenda. O plano piloto do órgão exige a perfuração de oito buracos gigantes nos diques do Mississippi e outros dois nos de seu principal afluente, o Atchafalaya. As aberturas terão portões e serão canalizadas, e os próprios canais também contarão com diques. O CPRA gosta de caracterizar o esforço como uma forma de restauração — um modo de "restabelecer o processo de deposição de sedimentos naturais".

E isso é verdade, mas apenas se eletrificar um rio puder ser chamado de algo natural.

A maior entre todas as fendas produzidas pelo ser humano é um projeto conhecido como Mid-Barataria Sediment Diversion [Desvio de sedimentos da região de Mid-Barataria]. O desvio terá 183 metros de largura e cerca de dez metros de profundidade e será revestido de concreto e enrocamento suficientes para pavimentar o Greenwich Village. Terá início na margem leste do Mississippi, a uns 56 quilômetros acima de Buras e, em seguida, em uma evidente demonstração de desprezo pela hidrologia, percorrerá uma linha reta perfeita a oeste por 3,86 quilômetros até chegar à Baía Barataria. Quando estiver operando em sua capacidade máxima, cerca de 2.124.764 litros por segundo o atravessarão. Em termos de fluxo, o volume o transformará no décimo segundo rio mais largo dos Estados Unidos. (A título de comparação, o fluxo médio do rio Hudson é de 566.336 litros por segundo.) Nada sequer parecido foi tentado antes. "É algo totalmente único", me disse Barth.

Atualmente, o custo do projeto está estimado em 1,4 bilhão de dólares. O próximo desvio, o Mid-Breton, planejado para a margem oeste de Plaquemines, está orçado em 800 milhões de dólares. O financiamento dos dois desvios deve sair do acordo firmado com a British Petroleum para cobrir o pagamento de indenizações pelo vazamento de mais de três milhões de barris de petróleo no Golfo do México, em 2010, afetando a costa do país do Texas à Flórida. (Os planos para os outros oito desvios ainda estão em fase inicial e seu financiamento ainda não está garantido.)

Muitos moradores de Plaquemines, assim como Lambert, veem os desvios como a última esperança do condado. "Tudo depende dos sedimentos", me disse Albertine Kimble, ferrenha defensora dos projetos e uma das poucas habitantes do condado a morar fora da área protegida pelos diques. Mas também há muitos habitantes que se opõem aos desvios. Algumas semanas antes da reunião em Buras, o prefeito de Plaquemines protagonizou um confronto público com o CPRA ao negar autorização ao órgão para recolher amostras do solo no local previsto para o desvio. As amostras foram recolhidas mesmo assim, com a presença da polícia estadual montando guarda.[20]

No Cajun Fishing Adventures, Barth apresentou slides mostrando para onde o desvio de Mid-Barataria iria e como seria construído. Uma animação do processo revelou que ele é de uma complexidade quase incompreensível, implica o deslocamento de uma via ferroviária, a mudança do trajeto da Rota 23 e a montagem de enormes comportas fora das áreas do curso do rio. Uma vez completa a estrutura, explicou Barth, o CPRA poderia simular enchentes. Quando o rio estivesse cheio e arrastando bastante areia, as comportas seriam abertas. A água rica em sedimentos passaria por Plaquemines e entraria na Baía Barataria. Alguns anos depois, com o depósito de areia e lodo em quantidades suficientes, uma terra semifirme começaria a se formar. O desvio seria propulsionado pelo próprio rio, e não por bombas. Ao contrário de projetos como o A-39, o despejo de sedimentos prosseguiria ano após ano.

"Qual o principal objetivo quando falamos de desvio de sedimentos?", perguntou Barth. "Maximizar os sedimentos e minimizar a água doce."

Um homem num canto da sala levantou a mão. "Suponho que vão construí-lo", ele disse, se referindo ao projeto Mid-Barataria. "Mas quais serão os danos?" Apesar dos argumentos convincentes de Barth, o homem estava preocupado com a quantidade de água doce a ser direcionada para a bacia e como isso afetaria a pesca recreativa. "Será o fim das trutas salpicadas",* declarou.

"Se fosse uma fenda natural, apoiaria sem restrições", afirmou. "Mas é raro dar certo quando nós humanos intervimos. É por isso que estamos onde estamos hoje."

Em breve ficaria quente demais.

Fazia mais um dia abafado e eu tinha voltado a Nova Orleans para encontrar um geólogo marinho chamado Alex Kolker. Kolker dá aulas na Associação Marinha das Universidades da Louisiana e, como atividade pedagógica complementar, às vezes organiza excursões de bicicleta pela cidade. Ao contrário dos passeios convencionais mais populares, que incluem fantasmas, vodu e piratas, os dele enfatizam a hidrologia. Ele tinha concordado em me levar em um dos passeios, mas avisou que teríamos de sair cedo. Ao meio-dia, as ruas estariam uma sauna.

"Esta cidade foi em grande parte construída à beira do rio", observou Kolker quando saímos do Garden District, ainda profundamente adormecido. "Para resumir, a parte alta fica perto do rio e a baixa são pântanos e charcos antigos." Pedalamos na direção norte pela Josephine Street, que fica longe do Mississippi e é, de forma imperceptí-

---

* Nome científico: *Cynoscion nebulosus*. (*N. da T.*)

vel, uma ladeira. Mansões imponentes deram lugar a *shotgun houses*, em diferentes estados de reforma e ruína.

Kolker freou diante de um enorme buraco cheio de água. Tinha sido remendado com asfalto, e, nesse remendo, um outro buraco se formara. "O afundamento acontece em algumas escalas diferentes", observou. "Na escala grande, os antigos pântanos estão se degradando. E na escala menor, coisas como essa." Um pouco mais adiante, nos deparamos com a tampa de um bueiro espetada no meio da rua, saindo.

"O bueiro provavelmente está preso, portanto não afunda, ou pelo menos não afunda tão rápido quanto o chão ao seu redor", explicou Kolker. Uma placa por perto informava ROTA DE EVACUAÇÃO.

Nos relatos alegres voltados para turistas, Nova Orleans é chamada de "Cidade Crescente", por ter sido construída ao longo de uma curva do rio, ou de "Big Easy", por sua vibe vibrante. Num contexto menos alto-astral, os moradores se referem a ela como "tigela". A esta altura, grande parte da tigela repousa no nível ou abaixo do nível do mar — em alguns pontos, quase cinco metros abaixo. Quando se está na cidade, é difícil imaginar o lugar inteiro afundando sob seus pés, mas é o que acontece. Um estudo recente, baseado em imagens de satélite, constatou que algumas partes de Nova Orleans submergem quase trinta centímetros por década.[21] "Uma das taxas mais rápidas no mundo", especificou Kolker.

Depois de mais umas paradas para admirar várias valas e depressões — "Tem uma cratera ali!" — chegamos à Estação de Bombeamento Melpomene. Estávamos em Broadmoor, um bairro simples às vezes apelidado de "Floodmoor". A estação estava interditada, mas através de suas janelas pude ver uma sequência do que pareciam foguetes deitados de lado. Eram bombas-parafuso Wood, nome em homenagem a seu inventor, A. Baldwin Wood. Wood patenteou seu design em 1920, um momento de uma confiança particularmente grandiloquente no poder da engenharia.

"O problema de drenagem de Nova Orleans é terrível", uma matéria publicada na primeira página no jornal *Item* em maio daquele mesmo ano observou.[22] "Para enfrentar o problema, Nova Orleans construiu o maior sistema de drenagem do mundo."

"A cada dia o homem supera a Natureza", declarava a matéria. "Ele deteve o gigantesco Mississippi e obrigou-o a ir aonde não queria."

Em 1920, Nova Orleans tinha seis estações de bombeamento, incluindo a Melpomene. As estações permitiam que os "antigos pântanos" fossem drenados e transformados em novas comunidades, tais como Lakeview e Gentilly. Hoje são 24 estações, que operam 120 bombas no total. Durante tempestades, a chuva é dirigida para um canal semelhante ao de Veneza e depois levada para o lago Pontchartrain. Sem esse sistema, grandes trechos da cidade logo se tornariam rapidamente inabitáveis.

Mas o sofisticado sistema de drenagem de Nova Orleans, bem como seu sofisticado sistema de diques, é uma espécie de solução troiana. Como solos pantanosos se tornam compactos através da drenagem, bombear água da terra exacerba o problema a ser resolvido. Quanto mais água é bombeada, mais rápido a cidade afunda. E quanto mais afunda, mais bombeamento é necessário.

"O bombeamento é parte importante do problema", me disse Kolker enquanto, suados, montávamos de novo em nossas bicicletas. "O processo acelera a subsidência, então vira um ciclo de retroalimentação positiva."

Enquanto pedalávamos, a conversa chegou no Katrina. Kolker tinha se mudado para Nova Orleans uns dezoito meses depois de o furacão atingir a cidade. Lembra-se de que por muitos anos, a "boia" — a mancha deixada pela inundação — ainda era perfeitamente visível nas laterais da maioria dos prédios.

"Estamos entrando em áreas que ficaram submersas por 1,5 a 2,5 metros de água", disse em determinado local.

Apesar de ter sido um furacão maior do que o usual, o Katrina estava longe de ser o pior cenário. Ao mover-se para o norte, nas primeiras horas de 29 de agosto de 2005, seu olho passou ao leste da cidade. Isso significa que os ventos mais fortes também passaram pelo leste, atingindo cidades como Waveland e Pass Christian, no Mississippi. Em resumo, parecia que Nova Orleans tinha sido poupada.

Mas a tempestade levava água para uma rede de canais no extremo leste da cidade. Estes canais — o Industrial Canal, o Gulf Intercoastal Waterway, e os escoadouros do rio Mississippi e do Golfo do México (popularmente conhecido como "Mr. Go") — tinham sido escavados para navegação, para propiciar um atalho entre o rio e o mar. Por volta das 7h45, os diques do Industrial Canal fracassaram e um paredão de água de uns seis metros de altura desabou em Lower Ninth Ward. No mínimo seis dúzias de pessoas morreram no bairro de população predominantemente negra.

A água também invadiu o lago Pontchartrain. À medida que o furacão se movia para a terra firme, essa água era forçada na direção sul, para fora do lago e para dentro dos canais de drenagem da cidade. O efeito foi como esvaziar uma piscina na sala de estar. Logo as paredes dos diques da 17th Street e os canais da London Avenue cederam. No dia seguinte, 80% da tigela estava debaixo d'água.

Centenas de milhares de pessoas tinham evacuado Nova Orleans antes da tempestade. Depois de inundada a cidade, era impossível saber se retornariam, ou se deveriam retornar. O CASO POR TRÁS DA RECONSTRUÇÃO DA CIDADE SUBMERSA DE NOVA ORLEANS deu manchete no *Slate* uma semana depois do furacão.[23]

"É hora de enfrentar certas realidades geológicas e dar início a uma desconstrução cuidadosamente planejada de Nova Orleans", declarava um editorial do *Washington Post*.[24] Como medida provisória, o autor do editorial, Klaus Jacob, geofísico e especialista em gestão de riscos, sugeriu que parte de Nova Orleans poderia ser transformada "em uma cidade de casas flutuantes". Assim, o Mississippi poderia transbordar novamente e "encher a 'tigela' com novos sedimentos". (Jacob também alertou, em 2011, que os metrôs de Nova York seriam inundados por uma tempestade de grandes proporções, previsão realizada no ano seguinte quando da passagem do furacão Sandy.)

Um Conselho designado pelo prefeito de Nova Orleans recomendou que apenas as áreas mais altas da cidade — aquelas ao longo do rio e acima das colinas de Gentilly e Metairie — fossem reassentadas. Deveria ser conduzido um processo de planejamento público para determinar quais bairros das áreas baixas poderiam ser reocupados e quais deveriam ser abandonados.[25]

Transbordaram propostas que sugeriam que partes da cidade voltassem a submergir, mas foram, uma a uma, rejeitadas. Recuar podia fazer sentido em termos geofísicos, mas em termos políticos foi um fracasso. Então o Corpo de Engenheiros foi encarregado, novamente, de reforçar o sistema de diques e barragens, desta vez contra tempestades que vinham do Golfo. Ao sul da cidade, a entidade ergueu a maior estação de bombeamento do mundo, parte de uma estrutura de 1,1 bilhão de dólares denominada Complexo de Bloqueio Oeste. A leste, construiu a barreira de marés do lago Borgne, um muro de concreto de quase 3.200 metros de comprimento e dezessete metros de espessura ao custo de 1,3 bilhão de dólares. O Corpo de Engenheiros conectou o Duto Mississippi-Golfo com uma barragem de pedra de 290 metros de largura e instalou comportas e bombas gigantescas entre os canais de drenagem e o lago Pontchartrain. As bombas ao pé do canal da 17th Street foram projetadas para puxar mais de 339 mil metros cúbicos de água por segundo, um fluxo maior que o do Tibre.[26]

Essas estruturas faraônicas mantiveram a cidade seca durante várias tempestades recentes e, sob certa perspectiva, Nova Orleans agora parece substancialmente mais bem protegida do que quando o Katrina passou. Mas o que parece proteção de um determinado ângulo pode parecer uma armadilha, de outro.

"É preciso revitalizar a costa", me disse Jeff Hebert, ex-vice-prefeito de Nova Orleans. "Porque se a costa vai bem, Nova Orleans também." Desde o fim da época das fendas, a perda de terras ao sul levou a cidade uns trinta quilômetros mais perto do Golfo.[27] Estima-se que para cada 4,82 quilômetros que uma tempestade atravesse em terra firme, sua onda diminui de 30,48 centímetros.[28] Se for este o caso, então a ameaça a Nova Orleans está uns dois metros maior.

"Ainda que expulse a natureza com pressa", escreveu Horácio no ano 20 a.C., "ela sempre retornará, furtiva, e antes que perceba, ela destruirá triunfante seu perverso desprezo".

Quase no final do nosso tour de subsidência, Kolker e eu pedalamos pelo French Quarter, onde, apesar de ainda ser muito cedo, turistas munidos de bebidas lotavam as ruas. No Woldenberg Park, subimos no topo dos diques e observamos o Mississippi, na direção de Algiers.

Perguntei a Kolker como ele imaginava o futuro. "O nível do mar continuará a subir", respondeu. Os desvios planejados para Plaquemines devolveriam alguma terra aos pântanos no sul da cidade, assim como os projetos de drenagem mais convencionais, como o BA-39. "Mas acredito que as áreas não recuperadas vão inundar cada vez com mais frequência. Haverá contínua perda de área pantanosa." A cidade, outrora conhecida como L'Isle de la Nouvelle Orléans, nos próximos anos, previu Kolker, ficará "cada vez mais parecida com uma ilha".

A Ilha de Jean Charles, no condado de Terrebone, localiza-se a oitenta quilômetros a sudoeste de Nova Orleans e algumas décadas à sua frente. O acesso à ilha só pode ser feito por uma única e estreita estrada com água dos dois lados, que costumava passar por cima da terra. Se você calcular direitinho, poderá pescar sentado dentro do seu carro.

"Na primavera, sempre tem água na pista, toda vez que o vento sul bate", me disse Boyo Billiot. Estávamos no quintal da casa em que ele cresceu e onde sua mãe ainda mora. Balançando acima de nós, estava a casa, erguida sobre estacas de 3,6 metros. No pórtico aéreo, várias bandeiras americanas flamejavam. Era inverno e a temporada de caça de veados estava chegando ao fim. Billiot usava roupa camuflada. O celular não parava de apitar com os avisos de mensagens de colegas caçadores que queriam saber onde ele estava.

Billiot é um homem grande de voz grave e cavanhaque grisalho. É capaz de rastrear seus ancestrais até chegar a Jean Charles Naquin, que deu nome à ilha no início dos anos 1800. (O epônimo Jean Charles era parceiro do pirata Jean Lafitte.) Naquin teve um filho, Jean Marie, que se casou com uma indígena e fugiu para a ilha depois de ser deserdado por seu pai. Já os filhos de Jean Marie se casaram com descendentes de três aldeias: a Biloxi, a Chitimacha e a Choctaw.[29] Quase todos os filhos deles permaneceram na ilha, onde formaram uma sociedade fechada e em grande parte autossuficiente.

"Por anos e anos ninguém sabia que alguém morava aqui", me contou Billiot. "Quando houve a Grande Depressão, ninguém aqui ficou sabendo de nada, porque não foram afetados."

Billiot cresceu na Ilha de Jean Charles nos anos 1950, falando uma mistura de cajun, dialeto derivado do francês, e de Choctaw, grupo étnico nativo da região sudeste dos Estados Unidos. "Todo mundo se conhecia de uma ponta a outra da ilha", ele recorda. Os habitantes ainda ganhavam a vida basicamente com a pesca, as ostras e as armadilhas de caça. Seu pai era dono de um barco de pesca de camarão, que ancorava bem em frente à casa. Naquela época, um profundo *bayou* percorria toda a extensão da ilha, e as pessoas pegavam caranguejos nele. A estrada, recém-construída, não servia para muita coisa, pois a ilha tinha seu próprio comércio.

Hoje, todas as lojas fecharam. Sobraram umas quarenta casas, a maioria em cima de pilares e muitas delas abandonadas. Desde que Billiot era criança, a Ilha de Jean Charles encolheu de 90 para 1,29 quilômetro quadrado — uma perda de mais de 98% de área.

A ilha está desaparecendo pelas razões costumeiras. Faz parte de um antigo lóbulo do delta cujo solo está se compactando. O nível do mar está subindo. Na primeira parte do século XX, a ilha perdeu suas principais fontes de sedimento para o controle das enchentes. Então veio a indústria petrolífera, que escavou canais nos pântanos. Os canais trouxeram água salgada, e quando a salinidade aumentou, os juncos e o capim morreram. A mortandade alargou os canais, permitindo a entrada de mais água salgada e causando mais mortandade e mais alargamento.

"É quase igual a quando tínhamos videocassetes e apertávamos o botão de avançar para chegar à parte do filme que queríamos", disse a filha de Billiot, Chantel Comardelle. Ela estava sentada na cozinha da casa alta com a mãe de Billiot, a quem chama de *maman*. As paredes estavam cobertas de fotos da família. "Esses canais só apertaram o botão avançar do problema."

Depois que sucessivos furacões nos anos 1980 inundaram o trailer em que moravam, Billiot, Comardelle e o resto da família mais próxima deixou a ilha. A cada sucessiva tempestade, outro pedaço de terra se perdeu e mais famílias foram embora. No início dos anos 2000, um círculo de diques foi erguido ao redor dos resquícios da Ilha de Jean Charles, transformando o *bayou* onde antes as pessoas pescavam e pegavam caranguejos num lago estreito e estagnado. Dentro dos diques, a perda de terra desacelerou. Do lado de fora e ao longo da estrada, a situação só piorou.

Mesmo àquela altura, providências poderiam ter sido tomadas para preservar o que restou da Ilha de Jean Charles. Projetos para a construção de um gigantesco sistema de proteção contra furacões, conhecido como Projeto Morganza para o Golfo, foram elaborados e poderiam ter sido ampliados de modo a incluir a ilha. Nesse caso, contudo, o Corpo de Engenheiros não recomendou mais obras. A extensão representaria um acréscimo de 100 milhões de dólares ao projeto de 1 bilhão de dólares e preservaria apenas uns 120 hectares ensopados.[30] Por essa quantia, seria possível comprar cinco vezes mais terra em, por exemplo, Chicago.

Os moradores da ilha, bem como as famílias que se mudaram, são praticamente todos membros das aldeias Biloxi, Chitimacha e Choctaw. Comardelle é a secretária do grupo; Billiot, o subchefe, e o chefe é o tio de Billiot. Quando ficou nítido que permitiriam que a estrada e, por fim, a própria ilha fossem apagadas do mapa, eles elaboraram um plano para transferir toda a comunidade para a terra firme. Para a primeira fase da construção, o grupo solicitou uma verba federal de 50 milhões de dólares, concedida em 2016. Na época da minha visita, contudo, o dinheiro ainda não tinha sido liberado por causa da burocracia, e ninguém sabia o que aconteceria.

Enquanto vaguei pelas casas vazias cobertas de placas NÃO ULTRAPASSE, pude constatar a lógica econômica da "desconstrução planejada" da ilha. Ao mesmo tempo, a injustiça era bastante gritante. Os aldeões da ilha Biloxi e Choctaw tinham chegado à Louisiana depois de perderem a posse das terras de seus ancestrais, mais ao leste, e de Jean Charles, só conseguiram viver em paz porque a ilha era tão isolada e comercialmente irrelevante que ninguém se interessava por ela. Além disso, não tiveram voz quanto à dragagem dos canais petrolíferos ou à configuração do Projeto Morganza para o Golfo do México.

Eles tinham sido excluídos dos esforços para controlar o Mississippi, e agora eram mais uma vez excluídos das novas formas de controle, impostas para conter os efeitos das antigas.

"É meio difícil imaginar que ninguém vai morar aqui", me disse Billiot. "Mas vi a ilha erodir."

A distância, a Estrutura Auxiliar de Controle do Old River parece uma fileira de esfinges presas pelas orelhas. A estrutura tem 134 metros de comprimento e 30,48 metros de altura. Quando se chega perto o suficiente, é possível ver que as cabeças das esfinges são, na verdade, guindastes e os traseiros, comportas de aço. Se existe uma única façanha da engenharia capaz de representar os séculos de tentativas de dominar o Mississippi — para fazê-lo "ir aonde não queria" — deve ser a Estrutura Auxiliar. Ao contrário de diques ou comportas, construídos para impedir inundações do rio, ela foi erguida para parar o tempo.

A Estrutura Auxiliar fica numa ampla planície cerca de 130 quilômetros rio acima de Baton Rouge. Perto desse local, há cerca de quinhentos anos, o Mississippi armou uma confusão e criou uma espécie de emaranhado hidrológico e de nomenclatura. O meandro levou o Mississippi tão a oeste que ele desaguou no Atchafalaya, na época afluente de um rio diferente, o Red, por sua vez afluente do Mississippi. O Atchafalaya é bem menor e escarpado que as últimas centenas de quilômetros do Mississippi, e o entrelaçamento deu às águas do rio mais largo uma oportunidade de escolher. O Mississipi poderia seguir seu velho caminho para o Golfo do México, passando por Nova Orleans e pelo Bird's Foot, ou poderia mudar de rota e pegar o caminho mais rápido oferecido pelo Atchafalaya. Até meados dos anos 1800, um enorme bloqueio no Atchafalaya, denso o suficiente para ser possível atravessá-lo a pé, complicou essa escolha. Mas uma vez removido o bloqueio — com o uso, entre outros meios, de nitroglicerina — cada vez mais água começou a fluir do curso principal do Mississippi. À medida que o fluxo no Atchafalaya aumentava, o rio ganhava largura e profundidade.

A Estrutura Auxiliar de Controle do Old River.

No curso normal dos acontecimentos, o Atchafalaya teria continuado a ir ficando mais largo e profundo até, por fim, capturar por completo o baixo Mississippi. Isso teria deixado a cidade de Nova Orleans baixa e seca, e as indústrias que tinham crescido ao longo do rio — refinarias, silos, portos e usinas petroquímicas — perderiam seu valor. Tal hipótese foi considerada impensável e assim, nos anos 1950, o Corpo de Engenheiros entrou em cena. Represou os antigos meandros dos rios, conhecidos como Old River, e escavou duas gigantescas comportas. A escolha do rio agora seria ditada por ele, seu curso seria mantido como se fosse para sempre a era Eisenhower.

Muito antes de ver a Estrutura Auxiliar, tinha lido a seu respeito em "Atchafalaya", um clássico conto moral de humor ácido de John McPhee. Na narrativa de McPhee, o Corpo de Engenheiros se joga de corpo e alma — e joga milhões de toneladas de concreto — na prevenção da avulsão do Mississippi e acredita ter obtido êxito.

"O Corpo de Engenheiros do Exército pode fazer com que o rio Mississippi vá para qualquer lugar que o órgão decida", afirma um general, após beirar o desastre, quando, em 1973, quase perderam o controle do Controle do Old River.[31] McPhee escreve com admiração pela coragem, determinação e até genialidade do Corpo de Engenheiros, mas o ensaio é permeado de forte ironia. Seria o Corpo de Engenheiros apenas ingênuo? Ou estaria enganando todos nós?

"Atchafalaya", escreve McPhee. "A palavra agora virá à mente mais ou menos como eco de todas as lutas contra as forças da natureza — heroica ou venal, precipitada ou calculada — quando os seres humanos se unem para lutar contra a terra, para tomar o que não lhes é oferecido, para vencer o inimigo destruidor, para cercar a base do Monte Olimpo exigindo e esperando a rendição dos deuses."[32]

Fui ao Controle do Old River em uma agradável tarde de domingo no final do inverno. A sede do Corpo de Engenheiros, escondida atrás de uma formidável grade de ferro, parecia vazia. Mas quando toquei uma campainha na entrada, o interfone ganhou vida e um especialista em recursos chamado Joe Harvey foi até o portão. Com as calças enfiadas em botas verdes de borracha ele parecia pronto para pescar. Harvey me conduziu a um gazebo com vista para a Estrutura Auxiliar e seu canal de escoamento.

Enquanto a água dentro do canal rodopiava, conversamos sobre história fluvial. "Em 1900, cerca de 10% do rio Red e do Mississippi desaguavam no Atchafalaya", explicou Harvey. "Em 1930, chegou a 20%. Em 1950, a 30%." Foi esse o limite que levou o Corpo de Engenheiros a entrar em cena.

"Ainda fazemos a divisão 70/30", disse Harvey. Todo dia, engenheiros medem o fluxo dos rios Red e Mississippi e ajustam as comportas de acordo com este padrão. Naquele domingo em particular, permitiam o movimento de cerca de mil metros cúbicos por segundo.

"Daqui até a foz do Mississippi são uns 507 quilômetros", continuou. "E daqui até a foz do Atchafalaya, uns 225 quilômetros. Ou seja, quase metade da distância. Então o rio prefere seguir nessa direção. Mas se isso acontecer..." A voz sumiu.

Duas pessoas, num barquinho a motor, pescavam no canal de escoamento. Quando perguntei a Harvey o que poderiam pegar, respondeu: "Ah, aqui temos tudo que tem no Mississippi. Claro, agora também tem um bocado de carpas, e isso não é muito bom."

"Ainda estão tentando mantê-las fora dos Grandes Lagos", acrescentou. "Aqui, estão por todo lado."

McPhee incluiu "Atchafalaya" em seu livro *The Control of Nature,* publicado em 1989. Desde então, muita coisa aconteceu e complicou o significado de "controle", sem falar no de "natureza". Os hidrologistas agora costumam se referir ao delta da Louisiana como um "sistema humano e natural acoplado" ou, na sigla em inglês, Chans. É um termo feio — outro emaranhado da nomenclatura —, mas não há maneira simples de falar sobre a bagunça que fizemos. Um Mississippi que foi canalizado, estreitado, ajustado e agrilhoado, ainda pode manifestar uma força divina; no entanto, já não é exatamente um rio. É difícil dizer quem ocupa o Monte Olímpio hoje em dia, se é que alguém o ocupa.

PARTE 2

NA NATUREZA

CAPÍTULO 1

Poucas semanas antes do Natal de 1849, William Lewis Manly subiu numa encosta de montanha e contemplou "o quadro de grandiosa desolação mais maravilhoso já visto". Manly encontrava-se no que hoje é o sudoeste de Nevada, perto do Monte Stirling.[1] Imaginou os pais no Michigan, com um "abundante estoque de pão e ervilhas" ornando a mesa e, em contraste, sua própria situação — "com a barriga vazia e a garganta seca e com muita sede". O sol se punha enquanto descia, e seus pensamentos ficaram ainda mais sombrios. Começou a chorar, pois como depois recordaria, "acreditei poder ver o futuro, e o quadro contemplado era aflitivo".[2]

Manly se encontrava a vagar pelo deserto em consequência de uma série de decisões infelizes. Três meses antes, ele e uns quinhentos outros argonautas reuniram-se em Salt Lake City e planejaram viajar juntos para a terra dourada, no norte da Califórnia. Ao chegarem a Salt Lake, já era tarde demais para pegar a rota mais rápida, pelas Sierras, então, de modo a evitar a neve, seguiram uma trilha a pé para o sul, na direção de Los Angeles. Depois de poucas semanas de viagem, encontraram outro contingente de pioneiros, liderados por um nova-iorquino falante chamado Orson K. Smith. Smith levava um mapa rudimentar que, segundo ele alegava, mostrava um caminho diferente e mais rápido a oeste. A maioria do grupo de Manly decidiu seguir Smith, e poucos dias depois tiveram que dar meia-volta ao descobrir um cânion tão profundo que seria impossível atravessá-lo nas carroças. (O próprio Smith teve de retroceder logo depois.)[3] Mas Manly e outros dez colegas seguiram em frente, em busca do ilusório atalho.

O cânion, eles logo descobriram, era o menor de seus problemas. Ao contornarem o cânion, chegaram a um dos terrenos mais inóspitos do continente — um vale deserto e rochoso onde provavelmente nenhum homem branco pusera os pés antes. (Um século depois, grande parte da área seria usada para testes nucleares.) A água era escassa, e, quando encontrada, era imprópria para o consumo, por ser salgada demais. Como havia pouco pasto para o gado, os animais ficavam fracos e emaciados. Quando mataram um para comer, seus ossos, observou Manly, estavam cheios não de tutano, mas de um líquido nojento "parecendo estragado".[4]

Manly viajava com um amigo acompanhado da mulher e de três filhos pequenos. Atuava como uma espécie de batedor, caminhando à frente das carroças para fazer o reconhecimento do terreno. Seus relatos quando ele voltava para o acampamento eram tão desoladores que depois de um tempo o amigo pediu que, por favor, calasse a boca, pois a mulher não aguentava mais.[5] À medida que o grupo se aproximava do Vale da Morte — a essa altura, um imenso deserto sem trilhas —, o estado de ânimo ficou particularmente sombrio. Sentado em volta da fogueira algumas noites depois, Manly caiu no choro. Um homem descreveu a região como o "local de despejo do Criador", onde ele "largara os restos inúteis depois de criar o mundo". Outro disse que aquele devia ser "o lugar onde a mulher de Ló foi transformada em estátua de sal", só que o pilar tinha "sido quebrado e o sal espalhado pelo local".[6]

Perto do fim do Vale da Morte, os ânimos melhoraram, mas por pouco tempo. Em uma saliência de pedra, o grupo encontrou uma caverna com uma piscina de águas quentes e doces. Alguns mergulharam; um deles registrou em seu diário ter "usufruído de um banho extremamente refrescante".[7] Ao espiar a água, Manly notou algo estranho. A piscina, cercada de rochas e areia, ficava a quilômetros de qualquer outro corpo de água. Entretanto, estava cheia de peixes. Décadas mais tarde ele se lembraria daqueles minúsculos "alevinos de pouco mais de dois centímetros de comprimento".[8]

A caverna encontrada pelos pioneiros agora é conhecida como Buraco do Diabo; e os "alevinos", como peixinhos-do-buraco-do-diabo, ou, em termos científicos, *Cyprinodon diabolis*. Os peixinhos-do-buraco-do-diabo têm, como Manly descreveu, cerca de dois centímetros de comprimento. São azul-safira, têm olhos extremamente escuros e sua cabeça é muito grande em proporção ao corpo. São mais facilmente reconhecidos por uma ausência; não possuem as nadadeiras pélvicas que outros peixinhos têm.

Como o Buraco do Diabo conseguiu seus peixinhos, conforme mencionou um ecologista, é um "grande enigma".[9] A caverna é uma raridade geológica — um portal para um vasto e labiríntico lençol freático que corre por debaixo da terra e capta água deixada do Pleistoceno. Parece pouco provável que os ancestrais do peixe possam ter viajado através do lençol freático; a maior aposta dos ictiologistas é que eles tenham sido jogados dentro do Buraco do Diabo numa época em que toda a área era mais úmida. A piscina de cerca de dezoito metros de comprimento e 2,5 metros de largura é o único habitat do *Cyprinodon diabolis*. Ou seja, nenhum outro vertebrado vive apenas, acredita-se, em um espaço tão reduzido.

Ouvi falar do Buraco do Diabo pela primeira vez em razão de um crime ocorrido no lugar. Numa tarde quente na primavera de 2016, três homens, todos aparentemente embriagados, escalaram o alambrado ao redor da caverna. Um, conforme filmado pela câmera de segurança, tirou a roupa, foi dar um mergulho e deixou a cueca boiando na piscina. Outro vomitou. No dia seguinte, um único peixinho-do-buraco-do-diabo foi encontrado morto e fizeram a necropsia. Resultado: acusação criminal. A polícia acabou divulgando a gravação, a que assisti repetidas vezes. Imagens tremidas dos homens se dirigindo para a cerca num quadriciclo. Então, de uma câmera subaquática, imagens desfocadas de dois pés caminhando ao longo de uma saliência da rocha e criando bolhas.[10]

Tudo no crime — a necropsia na piscina, a segurança na cadeia, o peixinho abandonado no meio do Mojave — me intrigou. Comecei a ler outras matérias e me deparei com *Death Valley in '49,* livro de memórias de Manly. Aprendi que os peixes do deserto constituem um grupo abundante e variado. Todo ano, o Conselho dos Peixes do Deserto promove um encontro em algum lugar no norte do México ou no oeste dos Estados Unidos; em geral, o programa do encontro ocupa até quarenta páginas. O peixinho recebe esse nome porque os machos, ao disputar território, parecem um pouco filhotes brigando. Só na área do Vale da Morte, em determinada época, havia onze espécies e subespécies do peixinho. Já foi confirmada a extinção de uma das espécies, acredita-se que outra também tenha sido extinta, e as restantes estão todas ameaçadas. O peixinho-do-buraco-do-diabo é possivelmente, portanto, o peixe mais raro do mundo. Em um esforço para preservá-lo, uma espécie de aquário do Velho Oeste foi construída — uma réplica exata da piscina verdadeira, abaixo da saliência onde os pés do mergulhador pelado foram capturados pela câmera. Nesse ínterim, uma pluma de água radioativa rasteja na direção da caverna vinda da área de testes nucleares de Nevada. Quanto mais leio, quanto mais penso, mais quero visitar o Buraco do Diabo.

As contagens dos peixinhos são realizadas quatro vezes por ano no Buraco do Diabo. E feitas por uma equipe de biólogos do Serviço do Parque Nacional, do Serviço de Pesca e Vida Selvagem dos Estados Unidos e do Departamento de Vida Selvagem de Nevada — órgãos que cooperam (e às vezes batem boca) quanto ao futuro do peixe. Levei um tempo para conseguir as autorizações para entrar lá; e então tinha chegado a hora do recenseamento do verão e a temperatura era de quarenta graus.

Encontrei a equipe na cidade mais perto da caverna — Pahrump, Nevada. Pahrump tem uma estrada principal, ladeada de lojas de fogos de artifício, grandes varejistas e cassinos. A distância de carro até o Buraco do Diabo é de 45 minutos, em meio a um misto de deserto de chaparral e vazio.

Na época de Manly, deve ter sido difícil encontrar a caverna até praticamente dar de cara com ela. Hoje, em virtude do portão de três metros de altura, com arame farpado na ponta, é impossível não ver onde fica. Um dos biólogos tinha a chave do portão. Dali percorremos uma trilha íngreme e escorregadia. Apesar do sol infernal, o fundo da caverna encontrava-se mergulhado na sombra. Mesmo no meio do verão, a piscina recebe apenas poucas horas de luz direta do sol durante o dia.

Alguns dos biólogos carregam pedaços de estruturas de metal que encaixam formando uma passarela. Outros trazem equipamento de mergulho. Supervisionando a operação, Kevin Wilson, ecologista do Parque Nacional. Wilson passou quase toda sua vida adulta trabalhando com o *Cyprinodon diabolis* e é considerado uma espécie de decano do Buraco do Diabo. (Embora o Buraco do Diabo não fique no Vale da Morte — fica do outro lado das Funeral Mountains, no Vale do Amargosa — para fins administrativos, é considerado parte do Parque Nacional do Vale da Morte.) Pouco antes de minha chegada, Wilson tinha sido mencionado numa matéria no *High Country News* a respeito da repercussão da invasão. Graças em boa medida a seus esforços, o mergulhador pelado tinha ido parar na cadeia. (Ao vomitador foi concedida liberdade condicional.) A repórter descrevera Wilson como um herói — um Colombo obstinado do deserto — mas, no processo, também o descrevera como barrigudo e austero.[11] Wilson ainda estava ressentido com a descrição. Em determinado momento, ficou de lado para que eu pudesse ver sua barriga de perfil.

"Isso é um barrigão?" Sugeri que talvez a melhor descrição fosse "pança". Normalmente, Wilson faria parte do grupo que se preparava para mergulhar, mas tinha sido reprovado recentemente no teste de aptidão física. Isso virou motivo para mais piadas.

Depois de todo o equipamento ter sido transportado e testado, outro biólogo do Parque Nacional, Jeff Goldstein, deu instruções de segurança. Se alguém se machucasse teria de ser transportado de helicóptero, e talvez sua chegada demorasse uns 45 minutos ou mais. "Ou seja, tomem cuidado", avisou. Então propôs uma aposta: quantos peixinhos-do-buraco-do-diabo encontrariam?

"Acho que 148", calculou Wilson. Ambre Chaudoin, também funcionária do Parque Nacional, chutou 140. Olin Feuerbacher e Jenny Gumm, do Serviço de Peixes e Vida Selvagem, optaram por 160 e 177, respectivamente. Brendan Senger, funcionário do estado de Nevada, disse 155. Chaudoin e Feuerbacher, eu soube depois, eram casados. Feuerbacher me contou ter partido dele a ideia de adivinhar o número de peixes no Buraco do Diabo. Wilson fingiu que ia vomitar.

Como qualquer piscina municipal, a piscina do Buraco do Diabo tem uma parte rasa e outra funda. A parte funda é muito funda. De acordo com o Parque Nacional, passa de "150 metros". A profundidade exata é tema de conjecturas, pois ninguém jamais chegou ao fundo e viveu para contar. Em 1965, dois jovens mergulhadores decidiram explorar o local e nunca voltaram à superfície. Presume-se que os corpos ainda estejam lá embaixo, em algum lugar. Na parte rasa há uma pedra de calcário inclinada, a "plataforma", a uns trinta centímetros abaixo da superfície da água. Nessa plataforma, os peixes costumam desovar e encontrar mais comida favorita.

Goldstein e Senger, usando máscaras, tanques de oxigênio, shorts e camisetas, mergulharam. Em poucos segundos, desapareceram na escuridão. Enquanto isso, Chaudoin, Feuerbacher e Gumm ficaram de quatro na passarela para contar os peixes na plataforma. Enquanto berravam números, Wilson os registrava num formulário especial.

Uma vez concluído o recenseamento da plataforma, todos voltaram para a sombra enquanto esperavam os mergulhadores voltarem à tona. Algumas corujas escondidas numa fenda piaram. O sol batia na face ocidental da caverna. "Hidratem-se", aconselhou Wilson. Reparei em uma mancha em volta da piscina e perguntei a Ambre Chaudoin o que era. Ela explicou que a mancha era formada em função da atração da lua; de tão gigantesco, o lençol freático a nossos pés tem marés.

A superfície do Buraco do Diabo vista de dentro d'água.

Apesar de os peixinhos-do-buraco-do-diabo habitarem apenas a parte superior da piscina — raras vezes são vistos abaixo de 24 metros —, a imensidão do lençol freático, no entanto, fez com que eles se adaptassem. No deserto, a temperatura sofre variações dramáticas da noite para o dia, do inverno para o verão. A água na caverna, aquecida pela geotermia, mantém a temperatura constante de 34°C o ano todo e uma consistente, embora baixíssima, concentração de oxigênio. As condições de alta temperatura e baixo oxigênio seriam fatais. O peixinho-do-buraco-do-diabo evoluiu — de alguma forma — para lidar com essas condições e, importante, só com elas. Acredita-se que o estresse do ambiente foi a causa de terem perdido a barbatana pélvica; o esforço para criá-las não justificava o gasto de energia.

Por fim, as luzes das lanternas de cabeça dos mergulhadores apareceram, iluminando a piscina como faróis. Goldstein e Senger saíram da água. Senger carregava uma prancheta repleta de colunas de números.

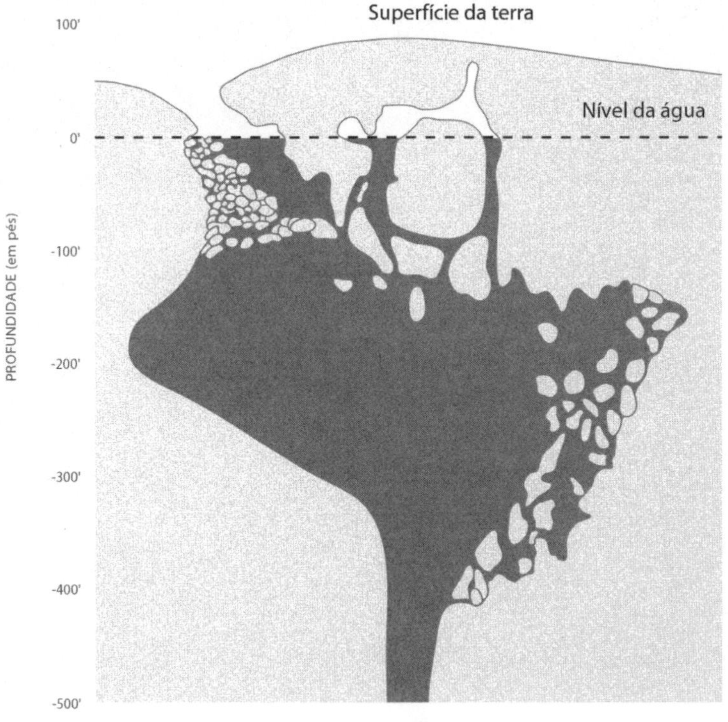

Corte lateral do Buraco do Diabo, mostrando o cânion no canto superior esquerdo.

"Nessa prancheta está a chave do universo", declarou Wilson.

Todos subiram de volta o caminho rochoso, passaram pela abertura na cerca e foram para o estacionamento. Senger leu em voz alta os números na prancheta. Wilson adicionou-os à contagem obtida na plataforma e anunciou a soma total: 195. Sessenta peixinhos-do-buraco-do-diabo a mais que no recenseamento anterior, e mais do que ninguém tinha ousado arriscar. Todos se parabenizaram. Goldstein fez o que chamou de "dancinha alegre".

"Se tiver bastante peixe, todos ganhamos", observou.

Mais tarde, fiz um cálculo. Juntos, os peixinhos-do-buraco-do-diabo pesavam cerca de cem gramas.[12] Ou seja, pesa menos do que um único sanduíche McFish do McDonald's.

Quando os argonautas partiram em busca de ouro, a expectativa era de que um homem com boa mira jamais morresse de fome. Manly ganhara o primeiro rifle aos quatorze anos; uma arma, como lhe disse o pai com ar solene, "apropriada tanto para o esporte quanto para matar".[13] Logo Manly passou a ser adepto da matança, e os pombos, perus e cervos que abatia eram incrementos bem-vindos à dieta da família. Com vinte e poucos anos, Manly partiu para caçar em Wisconsin. Em três dias, matou quatro ursos. Comeu tanta carne de urso que passou o dia seguinte inteiro vomitando. "Desde que eu tivesse minha arma e munição, podia matar o suficiente para sobreviver", escreveu mais tarde. Em 1849, ele e os colegas dispararam rumo a Salt Lake City. Um alce abatido por Manly pesava mais de duzentos quilos e logo se transformou "na comida mais sofisticada do mundo, digna de um gourmet".[14]

Nenhum estoque dura para todo o sempre, e enquanto Manly ia comendo animais pelo continente, ajudava a tornar a prática inviável. Em 1856, Thoreau lamentou o desaparecimento de alces, pumas, castores e glutões na Nova Inglaterra. "Não é uma natureza degradada e imperfeita aquela com que estou me familiarizando?"[15] Florestas antes com perus selvagens em abundância nos anos 1860, agora estão vazias deles. O uapiti, no passado tão comum do Atlântico ao Mississippi, sumira nos anos 1870. Pombos-passageiros, que revoavam em bandos tão grandes que bloqueavam o sol, foram eliminados mais ou menos na mesma época; o último grande evento em que formaram grandes ninhos — também o último grande massacre — ocorreu em 1882.[16]

"Teria sido mais fácil contar ou estimar o número de folhas numa floresta do que calcular o número de búfalos que viviam em qualquer período da história anterior a 1870",[17] escreveu William Hornaday, que trabalhou como chefe-taxidermista no Smithsonian e depois como diretor do zoológico do Bronx. Em 1889, admitiu Hornaday, o número de bisões vivendo "soltos e sem proteção" tinha sido reduzido a menos de 650. Ele previu que, em poucos anos, "nem um osso restará sobre a terra para marcar a existência da mais prolífica espécie mamífera que já existiu, até onde temos conhecimento".[18]

Já no período Paleolítico, o homem tinha contribuído para que várias espécies — mamutes lanosos, rinocerontes-lanudos, mastodontes, gliptodontes e camelos norte-americanos — caíssem no esquecimento. Tempos depois, quando os polinésios se estabeleceram nas ilhas do Pacífico, varreram da terra criaturas como o moa e o moa-nalo (*Tahmbetochenini*), o último um pato parecido com ganso que vivia no Havaí. Quando os europeus chegaram às ilhas do Oceano Índico, exterminaram, entre muitos outros animais, o dodô (*Raphus cucullatus*), a galinhola-vermelha-de-maurício (*Aphanapteryx bonasia*), o galeirão das ilhas Mascarenhas (*Fulica newtonii*), o solitário-de-rodrigues (*Pezophaps solitaria*) e o íbis-terrestre-da-reunião (*Threskiornis solitarius*).

A diferença no século XIX foi o acelerado ritmo da violência. Se as perdas prévias tinham ocorrido de modo gradual — tão gradual que nem os participantes tomavam conhecimento do que acontecia —, o advento de tecnologias, como a ferrovia e a espingarda de repetição, transformou a extinção num fenômeno facilmente observável. Nos Estados Unidos, bem como em todo o mundo, foi possível constatar o desaparecimento de espécies em tempo real. "Uma espécie lamentar a morte de outra é algo de novo sob o Sol", observou Aldo Leopold em um ensaio celebrando a passagem de um pombo-passageiro.[19]

No século XX, a crise da biodiversidade, como acabaria sendo conhecida, apenas acelerou o processo. As taxas de extinção agora são centenas — talvez milhares — de vezes mais altas que as chamadas taxas normais de extinção durante a maior parte de toda a era geológica.[20] As perdas se estendem por todos os continentes, todos os oceanos, e todas as espécies. Não só as espécies antes classificadas como em perigo de extinção, mas inúmeras outras caminham nessa direção. Ornitólogos americanos prepararam uma lista de "aves comuns em vertiginoso declínio"; a lista inclui espécies conhecidas tais como a andorinhão-migrante (*Chaetura pelagica*), o pardal do campo (*Spizella pusilla*) e a gaivota-prateada-americana (*Lauris smithsonianus*).[21] Até entre insetos, uma classe considerada resistente à extinção, os números de insetos vêm despencando.[22] Ecossistemas inteiros estão ameaçados, e as perdas começaram a crescer em números exorbitantes.

O falso Buraco do Diabo fica, em linha reta, a cerca de 1,5 quilômetro do verdadeiro. Abrigado num prédio semelhante a um hangar e sem identificação, tem duas placas na entrada. Uma delas diz CUIDADO: EQUIPAMENTOS DE PROTEÇÃO INDIVIDUAL EXIGIDOS A PARTIR DESTE PONTO, e a segunda: PERIGO! MONÓXIDO DE DI-HIDROGÊNIO: MUITO CUIDADO.

Em minha primeira visita, perguntei o motivo das placas. Me responderam que elas tinham sido colocadas visando deter o pessoal politicamente engajado, caso tentassem invadir e destruir o local. (Monóxido de di-hidrogênio é um nome de brincadeira para água.) Antes de receber autorização para entrar, precisei entrar dentro de um balde cheio de um conteúdo que parecia urina, mas que se revelou ser apenas desinfetante.

Dentro, as paredes eram cobertas com vigas de aço, tubulações de plástico e fios elétricos. Uma passarela de concreto cercava a piscina, também de concreto. O lugar era tão cenográfico quanto um piso de fábrica. Na verdade, parecia um tanque de combustível usado que vi certa vez em uma usina nuclear. Essa caverna falsa também era esculpida a fim de "encantar os olhinhos curiosos dos pobres peixinhos", não os meus.

Fazer a réplica de uma piscina cujo fundo nunca foi tocado é obviamente impossível, e a parte funda da réplica tem apenas uns sete metros de profundidade. Contudo, em todos os outros aspectos, obedeceu rigorosamente o modelo original. Como a piscina no Buraco do Diabo quase sempre fica na sombra, a simulação tem um teto retrátil que abre e fecha dependendo da estação do ano. Como a temperatura da água na caverna é sempre de 34°C, na réplica há um sistema de aquecimento de backup. Assim como a plataforma perto da superfície, no caso feita de poliestireno e coberta com fibra de vidro, com os mesmos contornos. (Imagens a laser em 3-D da plataforma de calcário foram usadas para fabricar a reprodução.)

Não apenas o peixinho, mas quase toda a cadeia alimentar do Buraco do Diabo foi importada para a cópia. Na plataforma de poliestireno, a mesma espécie de alga verde brilhante que cresce na versão de calcário. Na água nadam as mesmas espécies de minúsculos invertebrados — um caracol de água doce do gênero *Tryonia*, minúsculos crustáceos conhecidos como copépodes, outros também minúsculos conhecidos como ostracodes, e ainda algumas espécies de besouros.

As condições no aquário são monitoradas ininterruptamente. Caso, digamos, o pH ou o nível da água comece a cair, membros da equipe recebem alertas computadorizados. Quando mudanças importantes ocorrem, o sistema dispara ligações. Mais de uma vez, Feuerbacher, que trabalha na unidade, teve que sair de sua casa, em Pahrump, no meio da noite.

O planejamento do simulacro começou em 2006. Naquela primavera, crítica para o peixinho-do-buraco-do-diabo, o recenseamento contabilizou o recorde mais baixo da espécie, 38 peixes. "O pessoal ficou preocupadíssimo com isso", contou Feuerbacher. Enquanto a unidade de 4,5 milhões de dólares estava em construção, o número de peixinhos sofreu leve recuperação. Então, em 2013, houve uma nova queda. O recenseamento da primavera mostrou a existência de apenas 35 peixinhos e decidiram apressar o início das operações, ainda em fase de testes. "Recebemos um telefonema dos chefões perguntando o que precisaríamos para estar prontos em três meses", recorda Feuerbacher.

Na caverna de calcário, o peixinho vive em média um ano; no aquário, pode durar duas ou três vezes mais. Na ocasião de minha visita, o Buraco do Diabo Jr. estava em funcionamento havia seis anos. Tinha cerca de cinquenta peixes adultos. Dependendo do ponto de vista, são muitos peixinhos — um número quinze vezes maior que a população total dos peixinhos na terra em 2013 —, ou o número ainda é reduzido. Além de Feuerbacher, outras três pessoas trabalham na unidade em tempo integral, o que representa por alto um cuidador para cada treze peixes. O número de peixes, com certeza, é inferior ao planejado pelo Serviço de Peixes e Vida Selvagem. Feuerbacher acreditava que a explicação talvez se devesse a um besouro.

O besouro, do gênero *Neoclypeodytes*, foi trazido com outros invertebrados do Buraco do Diabo, e fez a transição para a versão em concreto na maior alegria. Reproduzia-se bem mais rápido do que na natureza, e em algum ponto do caminho desenvolveu um gosto especial pelos filhotes dos peixinhos-do-buraco-do-diabo. Certo dia, Feuerbacher assistia à gravação feita por uma câmera infravermelha especial, usada para capturar imagens de larvas dos peixinhos, quando viu um dos besouros, mais ou menos do tamanho de uma semente de papoula, atacar.

"Parecia um cachorro farejando", recordou. "Começou a rodear o peixe, aproximando-se cada vez mais, até de repente mergulhar e partir o peixinho ao meio." (Para continuar usando a analogia com o cachorro, seria como se um cocker spaniel atacasse um alce.) Na tentativa de manter o número de besouros sob controle, a equipe começou a montar armadilhas. Esvaziá-las significava peneirar seu conteúdo em uma rede fininha e depois pegar cada um dos minúsculos insetos com pinças ou pipetas. Por cerca de uma hora, observei dois dos membros da equipe se dedicarem à tarefa, que precisava ser repetida todos os dias. Fiquei impressionada, e não pela primeira vez, ao pensar em como é bem mais fácil arruinar um ecossistema do que gerenciar um.

• • •

Dependendo de a quem se pergunta, temos como resposta várias datas diferentes para o início do Antropoceno. A tendência dos estratigráficos, que gostam de clareza, é dar preferência ao início dos anos 1950. Enquanto os Estados Unidos e a União Soviética disputavam a supremacia strangeloviana,* testes nucleares na superfície tornaram-se rotina. Os testes deixaram para trás um rastro mais ou menos permanente — um pico de partículas radioativas, algumas com duração de dezenas de milhares de anos.[23]

Não por acaso, os problemas dos *Cyprinodon diabolis* também datam desse período. No inverno de 1952, o presidente Harry S. Truman incluiu o Buraco do Diabo no Parque Nacional do Vale da Morte. Truman pronunciou em discurso que seu objetivo era proteger a "peculiar raça de peixe do deserto" que vivia na "admirável piscina subterrânea" e "em nenhum outro lugar do mundo".[24] Naquela primavera, o Departamento de Defesa detonou oito bombas nucleares na área de testes de Nevada, localizada a cerca de oitenta quilômetros ao norte do Buraco do Diabo. Na primavera seguinte, detonou outras onze bombas.[25] As nuvens de cogumelo, visíveis até de Las Vegas, viraram atração turística.

Enquanto os anos 1950 se arrastavam — e mais bombas eram detonadas — um empreendedor, George Swink, começou a comprar terrenos nos arredores do Buraco do Diabo. Seu plano era construir uma nova cidade do nada para abrigar os funcionários da área de testes.[26] Acabou comprando cerca de dois mil hectares e começou a furar poços, inclusive um a apenas duzentos metros da caverna.

As obras de Swink estagnaram e nos anos 1960 as terras foram compradas por outro empreendedor, Francis Cappaert. O sonho de Cappaert era fazer com que o deserto desabrochasse com plantações de alfafa. Tão logo iniciou o bombeamento do lençol freático, o nível da água no Buraco do Diabo começou a baixar. No final de 1969, diminuíra vinte centímetros. No outono seguinte, outros dez. A cada

---

* Referência ao filme *Dr. Strangelove* (no Brasil, *Dr. Fantástico*). *(N. da T.)*

declínio, a plataforma de calcário ficava mais aparente. No final de 1970, a área de desova do peixinho-do-buraco-do-diabo ficara reduzida ao tamanho de uma cozinha de navio.[27] Então um biólogo da Universidade de Nevada teve a brilhante ideia de construir a plataforma de mentirinha para a reprodução dos peixes. Feita de poliestireno e tábuas, foi montada na parte mais funda da piscina. Por receber menos luz que a superfície, o Parque Nacional instalou um conjunto de lâmpadas de 150 watts para preservar o habitat natural.[28] (A plataforma de mentirinha acabou destruída por um terremoto a uns dois mil e quinhentos quilômetros de distância, no Alasca; como o lençol freático é imenso, o Buraco do Diabo vive o que é conhecido como oscilações sísmicas — na verdade, pequenos tsunamis.)

Nesse ínterim, várias dezenas de peixinhos foram removidas da caverna na tentativa de criar "populações reserva". Alguns foram para o Saline Valley, a oeste do Vale da Morte; outros para Grapevine Springs, no Vale da Morte. Um terceiro grupo foi enviado para um lugar próximo ao Buraco do Diabo conhecido como Purgatory Spring, e um quarto, a um professor da Universidade Estadual da Califórnia em Fresno, cuja intenção era criá-los num aquário.[29] Todos esses esforços iniciais para criar uma "população reserva" fracassaram.

Em 1972, com mais de três quartos da plataforma expostos, não restou alternativa ao governo federal senão processar a Cappaert Enterprises, empresa de Francis Cappaert. Quando Truman garantira ao Buraco do Diabo o status de monumento nacional, argumentaram os advogados do departamento de Justiça, implicitamente também reservara suficiente água para a sobrevivência do peixinho. O caso Cappaert *versus* Estados Unidos acabaria chegando à Suprema Corte dos Estados Unidos. À medida que o processo avançava, dividia a opinião dos moradores de Nevada. Alguns viam o peixe como um emblema da beleza frágil do deserto. Outros, como um símbolo do abuso de poder do governo. Adesivos Salvem o peixinho-do-buraco-do-diabo apareceram em para-choques de carros. E então surgiram os adesivos dos opositores. Matem o peixinho-do-buraco-do-diabo, diziam.[30]

Cappaert acabou perdendo o processo Cappaert *versus* Estados Unidos. (O peixe conseguiu a vitória por 9 x 0.) Nas décadas seguintes, o terreno foi adquirido pelo Serviço de Peixes e Vida Selvagem e mais tarde convertido no Refúgio de Vida Selvagem de Ash Meadows. No refúgio, há algumas mesas de piquenique, trilhas e um centro de visitantes onde são vendidos, entre outros itens, um peixinho-do-buraco-do-diabo de pelúcia que parece um balão zangado. Dois cartazes do lado de fora comunicam que as propriedades de Cappaert ocupavam as terras ancestrais de dois povos indígenas: os Nuwuvi e os Newe. No banheiro feminino (talvez também no masculino), há uma placa com um trecho extraído de *Desert Solitaire*, de Edward Abbey. Apesar das crônicas de Abbey narrarem uma temporada no Parque National Arches, em Utah, quase todo o livro foi escrito num bar de um bordel a poucos quilômetros do Buraco do Diabo. "Água, água, água", observou ele:

> Não há escassez de água no deserto, mas a quantidade exata, uma perfeita proporção entre água e rocha, água e areia, garantindo aquele espaço amplo, livre, aberto e generoso entre plantas e animais, casas e vilarejos e cidades, que tornam o árido Oeste tão diferente de qualquer outra parte da nação. Não há escassez de água aqui, a não ser que se tente fundar uma cidade onde nenhuma cidade deveria estar.[31]

O escritório de Jenny Gumm, administradora do falso Buraco do Diabo, fica no centro de visitantes, numa parte do prédio proibida aos visitantes. Certa manhã, parei para conversar com ela. Bióloga comportamental por formação, Jenny Gumm acabara de se mudar do Texas para Nevada e irradiava entusiasmo com o novo emprego.

"O Buraco do Diabo é um lugar muito especial", ela me disse. "Perguntei a várias pessoas se a experiência de descer ali, como fizemos outro dia, nunca perdia o encanto. Para mim, não, e acho que não perderá nem tão cedo."

Gumm pegou o celular e mostrou a foto de um ovo do peixinho-do-buraco-do-diabo. Na tarde anterior, um dos membros da equipe havia retirado o ovo do aquário. "Hoje o coração já deve estar batendo", disse. "Você precisava ver." O ovo, fotografado pela lente de um microscópio, parecia uma conta de vidro.

Muitos peixes — a carpa-prateada, por exemplo — produzem milhares de ovos de uma só vez. Isso possibilita criá-los artificialmente, em cativeiro. O peixinho-do-buraco-do-diabo põe apenas um ovo do tamanho de uma cabeça de alfinete por vez. E, em geral, os ovos são comidos pelos próprios peixinhos.

Fomos ao Buraco do Diabo Jr. na caminhonete de Jenny e encontramos Feuerbacher no berçário dos peixinhos — uma sala lotada de fileiras de aquários de vidro, equipamentos diversos, e o borbulhar de água corrente. Feuerbacher localizou o ovo flutuando em seu próprio pratinho de plástico e colocou-o sob a lente do microscópio.

Quando o simulacro entrou em operação, em 2013, um dos primeiros desafios foi descobrir como povoá-lo. Tendo restado apenas 35 peixinhos-do-buraco-do-diabo no planeta, o Serviço Nacional se recusou a arriscar um único par. Mostrou-se relutante até em entregar um ovo. Após meses de discussão e análises, concordou, por fim, em permitir ao Serviço de Peixes e Vida Selvagem recolher ovos para o aquário fora da estação, quando as chances de sobrevivência na caverna eram, de qualquer modo, reduzidas. No primeiro verão, um único ovo foi coletado; não vingou. No inverno seguinte, foram recolhidos 59 ovos, dos quais 29 chegaram com sucesso à idade adulta.

O ovo sob a lente do microscópio provava que, apesar dos ataques dos besouros, os peixinhos estavam se reproduzindo. Tinha sido recolhido em um colchãozinho colocado na plataforma de mentirinha com este propósito. O colchão parecia um pedaço de tapete felpudo esfarrapado. "Isso é um bom sinal", disse Jenny. "Se tivermos sorte, encontraremos outros ovos no tapete que também não foram comidos."

O ovo tinha, de fato, desenvolvido batimentos cardíacos, bem como brilhantes espirais roxas — células de pigmento incipientes. Quando o minúsculo coração no minúsculo ovo pulsou, me lembrei das primeiras imagens de ultrassonografia de meus filhos e de outra frase de Abbey: "Todas as coisas vivas na terra se assemelham."[32]

Jenny contou que tentava passar parte do dia à beira do aquário, só olhando os peixes. Naquela tarde, eu olhei com ela. O peixinho-do-buraco-do-diabo é, ao seu jeitinho particular, bem animado. Avistei um casal brincando, ou talvez namorando, no fundo. Os peixes — matizes de azul que pareciam quase cintilantes — rodeavam um ao outro em sinuosa harmonia. Então o *pas-de-deux* foi interrompido e um deles disparou em uma linha iridescente.

"Observar um pequenino cardume de peixinhos-do-buraco-do-diabo nadando numa minúscula piscina com água do deserto é descobrir algo vital acerca do deslumbramento", escreveu o ecologista Christopher Norment após visitar o verdadeiro Buraco do Diabo.[33] O mesmo se aplica, pensei, quando a água foi canalizada e desinfetada. Mas me perguntei enquanto observava os peixes no aquário: se deslumbrar com o quê?

• • •

Em geral observa-se que a natureza — ou ao menos seu conceito — está ligada à cultura. Até surgir algo que possa intervir — a tecnologia, a arte, a consciência — só existia a "natureza" e, portanto, não havia uso real para a categoria. É provável também que, ao ser inventada, a "natureza" já estivesse impregnada de cultura. Há vinte mil anos, os lobos foram domesticados. O resultado foi uma nova espécie (ou, de acordo com que algumas pessoas estimam, subespécies) bem como duas novas categorias: "domesticado" e "selvagem". Com a "domesticação" do trigo, por volta de nove mil anos atrás, o mundo das plantas se dividiu: algumas se tornaram "sementes" e outras, "ervas daninhas". No admirável mundo novo do Antropoceno, as divisões continuam a se multiplicar.

Considerem o "sinantropo". Por alguma estranha razão, esse é um animal que ainda não foi domesticado e mesmo assim, por alguma razão, demonstra grande capacidade de adaptação à vida em fazendas ou em centros urbanos. Os animais sinantrópicos (do grego *syn,* que significa "junto com", e *anthropos,* "homem") incluem texugos, corvos americanos, ratazanas, carpas asiáticas, camundongos e mais umas doze espécies de baratas. Os coiotes se aproveitam da interferência do homem e rondam áreas com grande densidade de atividade humana; foram apelidados de "animais sinantrópicos misantrópicos".[34] Em botânica, "apófitas" são plantas nativas que proliferam fora de seu habitat natural por ação humana; "antropófitas" são as plantas introduzidas em lugares diferentes de seu habitat natural. As antropófitas ainda podem ser subdivididas em "arqueófitas", existentes antes da chegada dos europeus ao Novo Mundo, e "quenófitas", que surgiram depois.

Claro, para cada espécie que prosperou com a chegada de seres humanos, muitas mais declinaram, criando a necessidade de outra lista de termos mais desanimadora. De acordo com a União Internacional para a Conservação da Natureza, que mantém a chamada Lista Vermelha, uma espécie é considerada "vulnerável" quando suas chances de desaparecer num período de um século são de ao menos

1 em 10. Uma espécie é classificada "em perigo" quando sua população declinou mais de 50% em uma década ou três gerações, o que ocorrer depois. Uma criatura se encaixa na categoria "em perigo crítico" quando perdeu mais de 80% da população neste mesmo período. De acordo com os critérios da UICN, uma planta ou animal podem estar "extintos", ou podem estar "extintos na natureza", ou podem estar "possivelmente extintos". Uma espécie está "possivelmente extinta" quando, "com base em evidências", parece ter sumido, embora seu desaparecimento ainda não tenha sido confirmado. Entre as centenas de animais atualmente listados como "possivelmente extintos" estão: o morcego *Murina tenebrosa*, o macaco colobo-vermelho-de-miss-waldron (*Piliocolobus waldronae*), o rato gigante de Emma (*Uromys emmae*) e o pássaro nightjar da Nova Caledônia (*Eurostopodus exul*).[35] Várias espécies, incluindo o po'ouli ou trepadeira-do-mel (*Melamprosops phaeosoma*), um pássaro gorducho nativo do Maui, deixaram de andar (ou saltitar) pela terra, mas vivem em células preservadas em nitrogênio líquido. (Ainda não foi cunhado um termo para descrever esse estado peculiar de animação em suspenso.)

Um modo de entender a crise de biodiversidade seria simplesmente aceitá-la. A história da vida foi, afinal, pontuada por eventos de extinção, tanto grandes quanto muito, muito grandes. O impacto que pôs fim ao Cretáceo erradicou algo na ordem de 75% de todas as espécies na Terra. Ninguém lamentou tal desaparecimento e outras espécies evoluíram e ocuparam seus lugares. Mas, por alguma razão — chamem de biofilia, ou de cuidado com a criação de Deus, ou de medo aterrorizante —, o homem reluta em ser o asteroide. Assim, criamos outra classe de animais. Criaturas que levamos à beira da extinção e depois tentamos recuperar. O termo clássico usado para tais espécies é "dependentes de conservação", ainda que possam ser chamadas de "espécies com síndrome de Estocolmo" dada sua extrema dependência em relação a seus algozes.[36]

O peixinho-do-buraco-do-diabo é uma clássica espécie com síndrome de Estocolmo. Quando o nível de água na caverna baixou no final dos anos 1960, a plataforma artificial e as lâmpadas instaladas pelo Parque Nacional mantiveram o peixe vivo. Depois que os tribunais decretaram o fim do bombeamento perto da caverna, o nível de água voltou a subir, ainda que o lençol freático nunca tenha se recuperado por completo. Hoje, o nível de água na caverna ainda é cerca de trinta centímetros mais baixo do que deveria. Em consequência, o ecossistema na piscina foi alterado e a cadeia alimentar, arruinada. Desde 2006, o Parque Nacional vem entregando refeições suplementares, incluindo artêmias e o camarão-fada ou camarão-de-salmoura (Anostraca) — uma espécie de delivery para peixes.

Quanto aos peixinhos-do-buraco-do-diabo no aquário-refúgio, que contém cerca de 380 mil litros, não durariam uma estação sem a assistência de Gumm, Feuerbacher e dos outros encantadores de peixe. As condições no aquário pretendem imitar ao máximo a natureza, com exceção do único detalhe que deixa o Buraco do Diabo autêntico tão vulnerável. O simulacro está isento da intervenção humana por ser totalmente humano.

Não há registro exato do número de espécies, como o peixinho-do-buraco-do-diabo, na condição de dependentes de conservação. No mínimo, são milhares. Quanto aos tipos de assistência de que dependem, também compõem uma legião. Além da alimentação suplementar e da criação em cativeiros, incluem técnica para dobrar a produção de ovos, criação de filhotes em cativeiro até poderem soltá-los com segurança, enclausurá-los, soltá-los, tratamento de queimaduras, terapia de quelação, migração guiada, polinização manual, inseminação artificial, treinamento para evitar predadores e condicionamento à aversão a determinado paladar. Todos os anos, a lista cresce. "Aos velhos as velharias; aos novos as novidades", observou Thoreau.[37]

O Refúgio Nacional de Vida Selvagem de Ash Meadows tem 9.300 hectares de área, ou seja, mais ou menos o tamanho do Bronx. Dentro de suas fronteiras, vivem 26 espécies que só podem ser encontradas ali e em mais nenhum outro lugar do mundo. De acordo com um folheto que peguei no centro de visitantes, esse número representa "a maior concentração de vida endêmica nos Estados Unidos e a segunda maior em toda a América do Norte".

Que condições difíceis devam gerar diversidade faz parte do darwinismo clássico. Nos desertos, as populações se tornam física e depois reprodutivamente isoladas, como ocorre nos arquipélagos. O peixe do deserto de Mojave e o do vizinho deserto da Grande Bacia são, nesse sentido, como os fringilídeos (Fringilidae) das Galápagos: cada habitante é dono de sua própria ilhota de água num mar de areia.

Sem dúvida, muitas dessas "ilhas" ficaram secas antes de alguém se dar ao trabalho de registrar o que vivia nelas. Como Mary Austin observou em 1903, é o "destino de todo riacho de tamanho considerável no oeste transformar-se em canal de irrigação".[38] Entre essas criaturas que duraram tempo suficiente para sua extinção ser notada estão: o *spinedace de Pahranagat* (*Lepidomeda altivelis*), visto pela última vez em 1938; o *Las Vegas dace* (*Rhinichthys deaconi)*, em 1940; o peixinho de Ash Meadows (*Empetrichthys merriami*), em 1948; o de Raycraft Ranch (*Empetrichthys latos concavus*), em 1953; e o Tecopa (*Syprinodon nevadensis calidae*), desaparecido desde 1970.[39]

Acreditava-se que outro peixinho do deserto, o Owens (*Cyprinodon radiosus*) fora extinto, mas foi redescoberto em 1964. Em 1969, sobrevivia a duras penas num lago do tamanho de um salão de jogos quando, por razões inexplicáveis, o lago encolheu e virou uma poça. Alguém alertou Phil Pister, biólogo do Departamento de Pesca e Caça da Califórnia, que correu ao local — conhecido como Fish Slough. Pister recolheu todos os peixinhos sobreviventes com a intenção de movê-los para um riacho próximo. Os peixes couberam em dois baldes.

"Me lembro perfeitamente que estava morrendo de medo", ele escreveria depois. "Eu devia ter andado uns 45 metros quando me dei conta de que carregava em minhas mãos a existência de uma espécie vertebrada inteirinha."[40] Pister passou as décadas seguintes empenhado em salvar tanto o *Cyprinodon radiosus* quanto os peixinhos-do-buraco-do-diabo. Costumavam lhe perguntar por que ele dedicava tanto tempo a animais tão insignificantes.

"Para que serve esse peixinho?", indagavam.

"Para que você serve?", retrucava Pister.

No Mojave, fui ver o máximo de peixes que podia — saltitando de ilha em ilha, no caso. Num lago a pouca distância do Buraco do Diabo vive o Ash Meadows Amargosa (*Cyprinodon nevadensis mionecte*). O lago é cercado por uma paisagem tão árida que me trouxe à mente as desventuras de Manly; andando as poucas centenas de metros da estrada, pensei: mesmo hoje, alguém poderia morrer no Mojave sem que ninguém notasse. Os *Empetrichthys merriami*, uma versão mais pálida dos peixinhos-do-buraco-do-diabo, rodopiavam — mais uma vez eu não saberia dizer se namoravam ou brigavam.

A cerca de cinquenta quilômetros de distância, na cidadezinha de Shoshone, na Califórnia, vive outra subespécie, o Shoshone *(Cyprinodon nevadensis shoshone).* Como *Cyprinodon radiosus*, o de Shoshone tinha sido dado como extinto, mas foi depois redescoberto, no caso dentro de um bueiro perto de um camping para trailers. Susan Sorrells é dona do camping, assim como do único restaurante e da única loja da cidade. Com a ajuda de várias autoridades estaduais, criou um conjunto de piscinas para o peixinho *Cyprinodon nevadensis shoshone*, que se provou bem mais adaptável que seus primos do Buraco do Diabo.

"Eles passaram de extintos a abundantes", me contou Susan. O sistema de água termal que alimenta os lagos dos peixinhos também alimenta a piscina do lugar, na qual me refresquei certa tarde perto de um homem barbudo. O homem, fiquei muito irritada ao ver quando virou de costas, tinha duas grandes suásticas tatuadas.

A cidade de Parhump também costumava ter seu peixe, o Parhump (*Empetrichthys latos)*, que ainda existe, mas infelizmente não em Parhump. O habitat original do peixe era um lago alimentado por um riacho no qual alguém, de propósito ou por acaso, colocou peixes-dourados (*Carassius auratus*). Nos anos 1960, os peixes-dourados proliferavam, enquanto a espécie de Parhump apenas resistia. Nos anos 1970, o bombeamento de água subterrânea piorou ainda mais a situação. Justo quando o lago estava prestes a secar por completo, em 1975, um biólogo da Universidade de Nevada, Jim Deacon, organizou um resgate de última hora. Como Pister, levou os peixes restantes em um balde. Conseguiu salvar 32 — ou pelo menos assim conta a história.[41]

Desde seu resgate, o peixe de Pahrump tem vivido uma diáspora aquática, perambulando — na verdade, sendo levado — de um lago de exílio a outro. Kevin Guadalupe, biólogo do Departamento de Vida Selvagem de Nevada, é o Moisés do peixe. Eu o encontrei em Las Vegas, no escritório decorado com um pôster no qual apareciam quarenta espécies de peixes nativos de Nevada. "Quase todos correm perigo", disse ele, gesticulando na direção do pôster. Quando me entregou seu cartão de visitas, reparei numa imagem de um peixinho do tamanho de uma noz.

Ao vivo, o peixinho de Pahrump tem cerca de três centímetros de comprimento; seu corpo é escuro, com listras amarelas e barbatanas amareladas. Como o peixinho-do-buraco-do-diabo, evoluiu em um ambiente inóspito onde, por acaso, era o predador máximo. Muito do trabalho de Guadalupe consiste em tentar impedir que o peixe encontre algo parecido com um predador de verdade. Enquanto as pessoas moverem mais espécies para o deserto, novas prioridades continuarão a surgir.

"Passamos a maior parte do tempo correndo de um lado para o outro com os cabelos em pé", contou Guadalupe. No Spring Mountain Ranch, um parque estadual a aproximadamente oitenta quilômetros de Pahrump, visitamos o reservatório de um lago, antes o lar de cerca de dez mil peixinhos. (O rancho já pertenceu a Howard Hughes, mas quando o comprou já andava muito paranoico com germes para deixar a suíte de seu hotel em Las Vegas.) Muita gente tinha despejado o conteúdo de seus aquários no lago e, incapaz de conviver com a predação resultante, o peixinho tinha sido praticamente eliminado. Na tentativa de se livrar das outras espécies introduzidas — o próprio peixinho tinha sido também transplantado — o lago tinha sido drenado por completo. Seu fundo de argila vermelho agora jazia rachado e tostando ao Sol. Como o historiador ambiental J. R. McNeill observou, parafraseando Marx: "Os homens fazem sua própria biosfera, mas não a fazem como querem."[42]

No Refúgio Nacional de Vida Selvagem do Deserto, a cerca de sessenta quilômetros de Parhump, visitamos outro lago vigiado.

"Tem uma ali", disse Guadalupe, apontando para o que parecia uma lagosta miudinha enfiando a cabeça dentro da lama. Era um lagostin vermelho (*Procambarus clarkii*), nativo da Costa do Golfo, que vai do México à Florida. Foram muitas vezes transferidos de lugar porque as pessoas gostam de comê-los. O lagostin, por sua vez, adora comer os peixinhos de Parhump. Para dar uma chance ao peixe, Guadalupe tinha erguido uns recifes falsos para eles desovarem. Os recifes de corais que vi eram cilindros finos de plástico com tufos de grama artificial espetados em cima. Guadalupe torcia para que os cilindros fossem escorregadios demais, impedindo assim que um caranguejo faminto conseguisse escalá-lo.

O último refúgio dos peixinhos que visitamos foi um parque em Las Vegas. Quando chegamos, por volta de meio-dia, a temperatura estava um milhão de graus, e ninguém em sã consciência estava ao ar livre.

Naquela noite, a minha última em Nevada, hospedei-me no Paris, no Las Vegas Boulevard, num quarto com vista para a Torre Eiffel. Vegas sendo Vegas, a torre saía de uma piscina. A água era do tom azul dos produtos anticongelantes. De algum lugar perto da piscina, uma caixa de som martelava uma batida irritante e pulsante que chegava aos meus ouvidos, apesar das janelas fechadas no sétimo andar. Eu queria muito uma bebida. Mas não conseguiria descer ao lobby, passar pelo Le Concierge, Les Toilets e La Réception, para encontrar a imitação de um bar francês. Pensei no peixinho-do-buraco-do-diabo em sua caverna simulada. E refleti: foi assim que se sentiram em seus momentos mais sombrios?

CAPÍTULO 2

Ruth Gates se apaixonou pelo oceano assistindo a programas de televisão. Quando cursava a escola primária, se sentava, hipnotizada, diante de *O mundo submarino de Jacques Cousteau*. As cores, as formas, a diversidade das estratégias de sobrevivência — a vida embaixo das ondas parecia mais espetacular do que a vida acima. Sem saber muita coisa além do que aprendera nas séries, decidiu ser bióloga marinha.

"Embora Cousteau aparecesse na televisão, ele revelou os oceanos de um modo que ninguém mais conseguiu", ela me disse.

Ruth, que cresceu na Inglaterra, foi estudar na Universidade de Newcastle, onde as aulas de oceanografia eram dadas com o Mar do Norte como pano de fundo. Fez uma matéria sobre corais e, mais uma vez, ficou deslumbrada. O professor explicou que os corais, animais minúsculos, têm vivas, dentro de suas células, plantas ainda menorzinhas. Ruth ficou imaginando como tal combinação era possível. "Não conseguia parar de ruminar essa ideia", disse. Em 1985, se mudou para a Jamaica a fim de estudar os corais e seus simbiontes.

Era um momento animador para realizar esse trabalho. Novas técnicas em biologia molecular possibilitavam examinar a vida em seu nível mais íntimo. Contudo, foi também um período perturbador. Os corais de recifes na região do Caribe estavam morrendo. Alguns em função do desenvolvimento, outros ainda em consequência da pesca predatória e da poluição. Dois dos corais dominantes na região — o chifre-de-veado e o chifre-de-alce — estavam sendo devastados por uma enfermidade que passou a ser conhecida como doença da faixa branca (WBD). (Ambos os corais agora são classificados como em crítica situação de perigo.) No decorrer dos anos 1980, cerca de metade dos corais da região caribenha desapareceu.[1]

Ruth Gates continuou sua pesquisa na Universidade da Califórnia de Los Angeles e, posteriormente, na Universidade do Havaí. Nesse ínterim, a situação dos recifes de corais tornava-se mais desanimadora. A mudança climática elevava as temperaturas nos oceanos acima da tolerância suportável para muitas espécies. Em 1998, um evento denominado branqueamento global, causado por um pico de temperatura nas águas, matou mais de 15% dos corais do mundo inteiro.[2] Outro evento de branqueamento global ocorreu em 2010. E em 2014, uma onda de aquecimento marítimo se instalou e permaneceu por quase três anos.

Um dos riscos do aquecimento climático foram as mudanças profundas na química dos oceanos. Corais proliferam em águas alcalinas, mas emissões de combustíveis fósseis deixam os mares mais ácidos. Uma equipe de pesquisadores calculou que mais algumas décadas de aumento nas emissões provocariam a "interrupção do crescimento e o início da dissolução" dos recifes de corais.[3] Outro grupo previu que, em meados do século XXI, turistas em lugares como a Grande Barreira de Corais só encontrariam "escombros de bancos em rápida erosão".[4] Ruth não conseguia voltar para a Jamaica; muito do que ela amava naquele lugar tinha se perdido.

Mas ela era, segundo a própria se descreveu, "o tipo de pessoa que vê o copo meio cheio". Percebeu que alguns recifes dados como mortos vinham se recuperando. Dentre eles, recifes que ela conhecia a fundo. E se algumas características tornassem alguns corais mais fortes do que outros? E se esses traços pudessem ser identificados? Então, quem sabe, algo poderia ser feito por uma bióloga marinha, além de apenas contorcer as mãos em desespero. Se fosse possível desenvolver corais mais resistentes, talvez fosse possível reestruturar os recifes do mundo para torná-los capazes de sobreviver à acidificação e à mudança climática.

Gates escreveu sua teoria e inscreveu-se num concurso chamado Ocean Challenge. Ela venceu. O valor do prêmio — 10 mil dólares — mal foi suficiente para continuar a pesquisa de laboratório em pipetas, mas a fundação patrocinadora do concurso propôs a apresentação de uma proposta mais detalhada. Desta feita, ela recebeu financiamento de 4 milhões de dólares. Notícias de jornal a respeito do financiamento sugeriam que Gates e seus colegas planejavam criar um "supercoral". Gates aderiu ao conceito. Um de seus alunos do curso de graduação desenhou o logotipo: um coral ramificado com um grande S vermelho no que poderia ser chamado, antropocentricamente, seu peito.

Conheci Gates na primavera de 2016. Foi cerca de um ano após ter recebido o financiamento para desenvolver o "supercoral" e, como isso aconteceu, pouco depois de ter sido nomeada diretora do Instituto de Biologia Marinha do Havaí. O instituto ocupava sua própria ilhota, Moku o Lo'e, em Kaneohe Bay, na costa de Oahu. (Caso você já tenha assistido à série *A ilha dos birutas*, já viu Moku o Lo'e na sequência de abertura.) Não há transporte público para Moku o Lo'e; os visitantes apenas apareceram no cais, e desde que o barqueiro do instituto esteja à sua espera, ele os conduzirá à ilha.

Gates me buscou no píer, e caminhamos até seu escritório, muito despojado e muito branco. Suas janelas descortinavam a baía e, do outro lado, uma base militar — a base do Corpo de Fuzileiros Navais do Havaí. (A base foi bombardeada pelos japoneses poucos minutos antes do ataque a Pearl Harbor.) Ruth explicou que Kaneohe serviu de inspiração para o projeto do supercoral. Durante grande parte do século XX, a baía foi usada como depósito de lixo. Nos anos 1970, a grande maioria de seus recifes tinha morrido. As algas haviam tomado conta de tudo, e a água da baía tinha passado a um verde brilhante assustador. Mas, então, uma estação de tratamento de esgoto surgiu. Mais tarde, o governo se uniu à ong Nature Conservancy e à Universidade do Havaí para conceber uma engenhoca — em resumo, uma barcaça equipada com gigantescas mangueiras de aspirador — para sugar as algas do leito marinho. Pouco a pouco, os recifes começaram a reviver. Agora há mais de cinquenta pequeninas plataformas de corais, como são chamadas, na baía.

"A Baía de Kaneohe é um ótimo exemplo de uma configuração bastante prejudicada na qual os indivíduos persistiram", disse Ruth. "Os corais sobreviventes tinham os genótipos mais fortes. Ou seja, o que não mata fortalece."

Acabei passando uma semana com Gates em Moku o Lo'e. Um dia, examinamos corais com um enorme microscópio a laser. Gates me mostrou a composição que, na época de estudante, achara tão intrigante. Eu conseguia ver, aninhadas dentro das minúsculas células do coral, seus ainda menores microrganismos simbiontes. Outro dia mergulhamos com snorkel. Dois anos tinham se passado desde a onda de aquecimento marítimo iniciada em 2014, e muitas das colônias de corais na baía eram de um branco fantasmagórico. A maioria, observou Gates, provavelmente não sobreviveria. Mas outros corais ainda estavam coloridos — em tons de bege ou marrom ou esverdeados. Esses estavam bem. "É muito gratificante ver esses recifes sendo tão resilientes", ela me disse.

Num terceiro dia, visitamos uma estrutura com aquários ao ar livre nos quais corais recolhidos na baía eram criados sob condições controladas com absoluta precisão. O objetivo não era propiciar um ambiente ideal, como nos aquários do peixinho-do-buraco-do-diabo; pelo contrário, os corais eram criados sob condições de estresse calibrado. Os que proliferavam — ou ao menos sobreviviam — seriam cruzados e seus filhotes devolvidos aos aquários para serem submetidos a mais estresse. Os corais sujeitos a essa pressão seletiva iriam, assim era esperado, sofrer uma espécie de "evolução assistida". E poderiam ser usados para semear os recifes do futuro.

"Sou realista", Gates me disse em determinado momento. "Não posso continuar esperando que nosso planeta não sofra uma radical mudança. Ele *já* mudou." As pessoas podiam "ajudar" os corais a lidar com as mudanças que elas próprias trouxeram ou assistir à sua morte. Qualquer outra opção, sob seu ponto de vista, era pura ilusão. "Muita gente quer retroceder", disse. "Eles acham que se pararmos de agir de determinada maneira, os recifes de corais talvez voltem a ser o que eram."

"O que sou, na verdade, é uma futurista", disse em outro momento. "Nosso projeto é reconhecer um futuro que está chegando e no qual a natureza deixou de ser totalmente natural."

Gates era tão carismática que embora eu tivesse ido a Moku o Lo'e com um caderno cheio de dúvidas, me sentia inspirada por ela. Algumas vezes, depois de terminado seu horário de expediente no instituto, saímos para jantar, e nossa conversa passou da relação de repórter e entrevistada para algo próximo de uma amizade. Eu planejava visitá-la de novo, para ver a quantas andavam os supercorais, quando ela me escreveu contando que estava morrendo. Claro que ela não disse dessa maneira. Em vez disso, contou que tinha lesões no cérebro, que viajaria ao México para o tratamento e que, fosse qual fosse a doença, iria vencê-la.

Como Ruth Gates, Charles Darwin ficou intrigado com os corais. Seu primeiro encontro com um recife foi em 1835. Ele viajava a bordo do *Beagle* de Galápagos para o Taiti quando, do convés do navio, avistou "curiosos anéis de corais" projetando-se do mar aberto — o que hoje seriam chamados de atóis. Darwin sabia que os corais eram animais e os recifes eram obra deles. Ainda assim, as formações o deixaram impressionado. "Aquelas vastas áreas intercaladas com baixas ilhas de corais que se erguiam abruptamente das profundezas do oceano", escreveu.[5] Como, ele se perguntou, tal formação era possível?

Anos a fio, Darwin refletiu acerca desse mistério, objeto de seu mais importante trabalho científico, *The Structure and Distribution of Coral Reefs* [Estrutura e distribuição dos recifes de corais]. Chegou à conclusão — controversa na época, mas agora considerada correta — de que no centro de cada atol repousava um vulcão extinto. Corais tinham ficado agarrados às laterais do vulcão e quando o vulcão expirou e aos poucos afundou, o recife continuou crescendo na direção da luz. Um atol, observou Darwin, era uma espécie de monumento a uma ilha perdida "erguido por milhares de minúsculos arquitetos".[6]

No mesmo mês em que foi publicada sua monografia sobre os corais — maio de 1842 —, Darwin esboçou pela primeira vez suas revolucionárias ideias a respeito da evolução, ou "transmutação", como o fenômeno passou a ser conhecido na época.[7] O esboço foi escrito a lápis e, nas palavras de um de seus biógrafos, totalizaram "35 páginas de rabiscos ilegíveis e elípticos em papel almaço".[8] Darwin guardou o texto em uma gaveta. Em 1844, o complementou até chegar a 230 páginas, para mais uma vez esconder o manuscrito. Tinha muitos motivos de relutância em tornar suas ideias públicas, um deles a total falta de evidências.

Darwin estava convencido de que essa evolução era inobservável. O processo ocorria de modo demasiado gradual para ser percebido no decorrer de uma vida humana, ou mesmo de várias. "Nada vemos dessas lentas mudanças em curso, até a mão do tempo ter marcado o lapso de eras", escreveria por fim.[9] Então como poderia provar sua teoria?

A solução que ele encontrou estava nos pombos. Na Inglaterra vitoriana, a criação de pombos chiques fazia sucesso. (Até a rainha Vitória tinha seus próprios pombos.) Havia clubes de criadores de pombos, apresentações de criadores de pombos e poemas relativos a pombos. ("*Sob a sombra compassiva e amigável deste louro/O patriarca deita para descansar*", começava uma ode ao pássaro favorito do autor, morto aos doze anos de idade.)[10] Criavam dezenas de espécies, incluindo pombos-de-leque que, como o nome sugere, têm plumagem extravagante e as caudas são dotadas de penas em formato de leque; pombos-cambalhota-de-face-curta, que em pleno voo executam cambalhotas; pombos-freiras, que parecem estar usando peitilho; pombos-farpas, que têm uma espécie de papada em volta dos olhos; e pombos-de-papo, que, ao inflarem o peito, parecem ter engolido balões.

Darwin montou um aviário em seu quintal e usou os próprios pássaros para realizar toda espécie de cruzamentos experimentais — pombos-freiras com pombos-cambalhota, por exemplo, e pombos-farpa com pombos-de-leque. Ele fervia as carcaças dos pássaros para chegar a seus esqueletos — tarefa, relatou, que o fez "vomitar muitíssimo".[11] Quando afinal decidiu publicar *A origem das espécies*, em 1859, pombos desfilavam em suas páginas.

Pombo-de-papo inflando o peito.

"Tenho feito criação de todas as raças que consegui comprar ou obter", relata no capítulo inicial. "Associei-me a muitos eminentes criadores, e foi-me permitido pertencer a dois dos clubes columbófilos de Londres."

Para Darwin, pombos freiras e leques, cambalhotas e farpas forneciam material decisivo, ainda que indireto, para a transmutação. Ao escolher quais pássaros reproduzir, os criadores de pombos desenvolveram linhagens que pouco se assemelhavam umas às outras. "Se o homem frágil, com seus limitados meios, consegue realizar tantos progressos aplicando a seleção artificial", especulou Darwin, "não posso perceber limite algum na soma de alterações que pudesse ser realizada aplicando o poder da seleção natural".[12]

Um século e meio após a publicação de *A origem das espécies*, o argumento por analogia de Darwin ainda é cativante, mesmo quando se torna difícil entender os termos. "O frágil homem" agora está mudando o clima. E exercendo forte pressão seletiva, bem como uma infinidade de outras formas de "mudança global": desmatamento, fragmentação do habitat, introdução de predadores, introdução de patógenos, poluição luminosa, poluição do ar, poluição da água, herbicidas, inseticidas e raticidas. Como chamar a seleção natural depois de *O fim da natureza*?[13]

Madeleine van Oppen conheceu Ruth Gates em uma conferência no México em 2005. Madeleine é holandesa, mas na época vivia há quase uma década na Austrália. As duas mulheres tinham temperamentos opostos — Madeleine era tão reservada quanto Gates, extrovertida — no entanto, logo se deram bem. Madeleine van Oppen também iniciara sua carreira científica quando as novas ferramentas moleculares se tornavam disponíveis e, como Ruth, reconhecera de imediato seu poder. As duas passaram a conversar com frequência apesar da diferença de fuso horário e decidiram escrever juntas algumas publicações. Então, em 2012, Ruth convidou Madeleine para uma conferência em Santa Barbara. Ainda em Santa Barbara, se deram conta de que ambas se interessavam pelos mecanismos dos corais para lidar com o estresse do meio ambiente. Poderiam esses mecanismos ser de algum modo atrelados para ajudá-las a lidar com a mudança climática?

"Nós conversávamos muito sobre essa ideia de 'evolução assistida'", me contou Madeleine. "Nós duas meio que criamos esse termo." O ensaio submetido por Gates ao Ocean Challenge foi escrito em parceria com Van Oppen. Estava definido que, caso vencessem, metade dos fundos iria para o Havaí e a outra metade para a Austrália.

Fui visitar Madeleine quase um ano após o falecimento de Gates. Nós nos encontramos em seu escritório, na Universidade de Melbourne, localizada no antigo prédio do departamento de Botânica da universidade, de onde era possível admirar orquídeas nativas pela janela de vitral. A conversa logo chegou a Gates.

"Ela era tão engraçada, tão cheia de energia", comentou Madeleine. O rosto dela ficou triste. "Ainda não acredito que ela se foi. Em momentos assim a gente se dá conta do quanto a vida é frágil."

Desde que estive no Havaí, o projeto do supercoral avançou, bem como a crise dos recifes de corais. A onda de calor iniciada no Havaí em 2014 alcançou a Grande Barreira de Corais em 2016, provocando outro branqueamento global. Ao terminar, no ano seguinte, mais de

90% da Grande Barreira de Corais tinham sido afetados e,[14] cerca de metade de seus corais, perecido.[15] Espécies com crescimento rápido foram particularmente atingidas; sofreram o que os pesquisadores denominaram de colapso "catastrófico".[16] Terry Hughes, biólogo especializado em corais da Universidade de James Cook, na Austrália, fez uma pesquisa aérea dos danos e mostrou-a a seus alunos. "E então choramos", escreveu em seu Twitter.

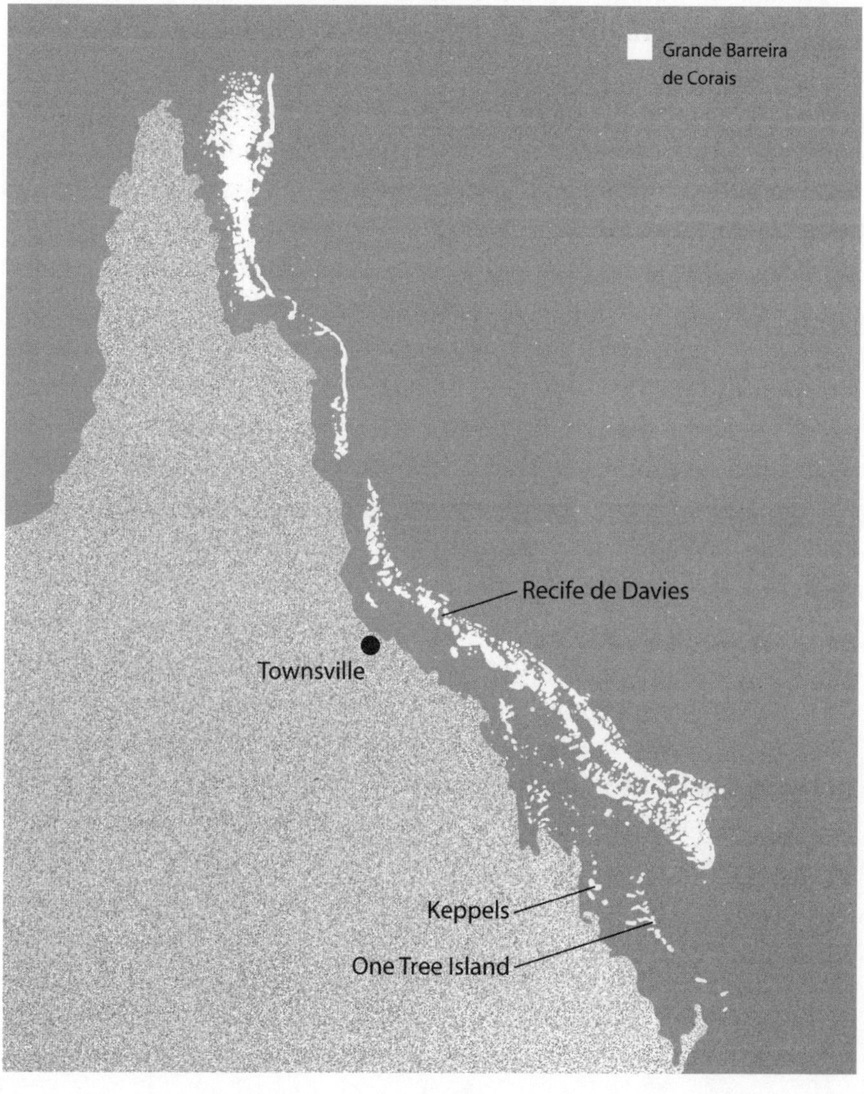

Num processo de branqueamento, interrompe-se a relação do coral com seus simbiontes. Quando a temperatura da água sobe, as algas ficam sobrecarregadas e começam a liberar altos níveis de oxigênio. Numa tentativa de proteção, os corais expelem suas algas e, em consequência, ficam brancos. Caso a onda de calor dure pouco, os corais conseguem atrair novos simbiontes e se recuperar. Caso a onda de calor seja muito prolongada, morrem de fome.

No dia de minha visita, Madeleine tinha marcado uma reunião com alunos de graduação e pós-doutorado em seu laboratório. Vinham de diferentes países, um verdadeiro Conselho de Segurança: Austrália, França, Alemanha, China, Israel e Nova Zelândia. Madeleine Van Oppen passeava em volta da mesa e pedia atualizações. A maioria citou os problemas decorrentes de não terem conseguido o apoio de um ou outro órgão e, no geral, Madeleine deixou que prosseguissem. "Estranho", disse afinal a um aluno de pós-doutorado cujas dificuldades pareciam particularmente inexplicáveis.

No que dizia respeito a Van Oppen e à sua equipe, nenhum membro da comunidade de corais era pequeno demais para, em termos potenciais, fazer a diferença. Uma bactéria associada aos corais parece ter especial propensão a vasculhar radicais de oxigênio. Uma das ideias exploradas pelo grupo era a possibilidade de tornar os recifes mais resistentes ao branqueamento por meio da administração de alguma espécie de probiótico marítimo. As algas simbiontes dos corais também podem ser manipuladas. Dos inúmeros tipos existentes — há milhares — alguns parecem estar associados a maior tolerância ao calor. Talvez fosse possível persuadir os corais a largar os simbiontes menos resistentes e associar-se a um grupo mais robusto, como se tenta persuadir um adolescente a procurar amigos mais adequados. Ou talvez os simbiontes pudessem ser "assistidos". Um dos alunos de pós-graduação de Madeleine passara anos cultivando uma variação de simbionte conhecida como *Cladocopium goreaui,* sob as condições que se espera que serão enfrentadas pelos corais no futuro. (Quando ele me mostrou seu *Cladocopium goreaui,* eu queria ficar impressionada; mas na verdade eles pareciam apenas nuvenzinhas de poeira flutuando numa jarra.) Ao que tudo indica, os *Cladocopium goreaui* submetidos a esse complicado tratamento possuem variantes genéticas que lhes permitem lidar melhor com o estresse provocado pelo calor. Talvez "infectar" corais com essas estirpes mais resistentes ajudasse a suportar temperaturas mais altas.

"Todos os modelos climáticos sugerem que extremas ondas de calor passarão a acometer todos os anos, da metade para o final deste século, a maioria dos recifes de corais do mundo", comentou Madeleine comigo. "As taxas de recuperação não serão rápidas o suficiente para enfrentar o problema. Por isso acho que precisamos intervir e ajudá-los."

"Com sorte, o mundo vai tomar juízo em breve e começará a reduzir os gases de efeito estufa", prosseguiu. "Ou talvez surja uma maravilhosa invenção tecnológica para resolver o problema. Quem sabe o que pode acontecer? Mas precisamos ganhar tempo. Então considero a evolução assistida para ocupar esse espaço, e servir de ponte entre o agora e o dia em que de fato estivermos contribuindo para a diminuição do impacto das mudanças climáticas ou, com sorte, revertendo-a."

O Simulador Marinho Nacional [SeaSim, na sigla em inglês], se gaba de ser "o mais avançado aquário de pesquisa do mundo". Localizado perto da cidade de Townsville, na costa leste da Austrália, fica a 1.600 quilômetros ao norte de Melbourne. Muitos membros da equipe de Van Oppen trabalham no instituto. Eles estavam programando uma experiência de "evolução assistida", então, depois de visitar o laboratório de Madeleine na universidade, voei para Townsville.

Era meados de novembro e o fogo atingia grandes áreas da Austrália. A mídia contava histórias de fugas de última hora, de coalas chamuscados e de um manto de fumaça sobre Sydney que tornava o simples fato de respirar o equivalente ao hábito de fumar um maço por dia. No caminho do aeroporto, reparei nas terras recém-queimadas e em um cartaz com a foto de um inferno em fúria. PREPARADOS PARA O DESASTRE?, perguntava o cartaz. Passei por uma refinaria de zinco, outra de cobre, algumas plantações de manga e um parque de vida selvagem que anunciava alimentação de crocodilos. Cangurus pequenos mortos — atropelados — cobriam as laterais da rodovia.

O SeaSim fica num fiapo de terra projetado no Mar de Coral. Teria uma vista encantadora do oceano, caso tivesse janelas. Em vez disso, a luz é fornecida por painéis de LED computadorizados, programados para imitar os ciclos do Sol e da Lua. A maior parte do prédio é ocupada por aquários. Ficam na altura da cintura, como vitrines em lojas de departamento. Como no laboratório de Ruth Gates em Moku o Lo'e, as condições da água no SeaSim podem ser controladas para produzir estresse calibrado. Em alguns tanques, o pH e a temperatura foram programados para simular as condições no Mar de Coral em 2020. Outros simulam os oceanos mais quentes em 2050, e outros, ainda, as condições ainda mais adversas esperadas para o final deste século.

Cheguei ao entardecer, e o lugar estava quase vazio. Passei um tempo apenas perambulando entre os aquários, com o nariz praticamente enfiado dentro d'água. Corais individuais, chamados de modo nada elogioso de "pólipos", são tão pequenos que é difícil enxergá-los a olho nu. Mesmo um grupo de corais do tamanho do pulso de uma criança abriga muitos milhares de pólipos, todos conectados entre si e formando uma fina camada de tecido vivo. (A parte rígida da colônia é de carbonato de cálcio, segregado constantemente pelos corais.) No SeaSim, os aquários estão cheios de corais da espécie *Acropora tenuis*, que tem seu estudo facilitado por crescer rápido, formando colônias que parecem florestas de pinheiros em miniatura.

Quando o Sol se pôs, tanto dentro quanto fora do SeaSim, mais gente começou a chegar. Para não interferir no regime de luz ali estabelecido, todos traziam lanternas de cabeça especiais que, com sua tonalidade vermelha, emitiam um brilho lúdico. A medida parecia adequada, pois o que a multidão tinha ido assistir era, todos esperávamos, uma orgia sexual.

O sexo entre corais é um espetáculo raro e surpreendente. Na Grande Barreira de Corais, ocorre uma vez por ano, em novembro ou dezembro, logo depois da Lua cheia. Durante o evento, conhecido como desova em massa, bilhões de pólipos liberam, obedecendo à mesma

Colônia de *Acropora tenuis*, uma espécie comum na Grande Barreira de Corais.

sincronia, feixes de pólipos semelhantes a continhas de vidro. Esses pólipos, que contêm tanto espermatozoides quanto óvulos, flutuam para a superfície e se rompem. A maioria dos gametas vira comida de peixe ou apenas se perde. Os sortudos encontram um gameta do sexo oposto e geram um embrião de coral.

Corais criados em aquários, quando mantidos nas condições corretas, também desovarão em sincronia com seus parentes dos oceanos. Para a equipe de Madeleine, a desova oferecia uma oportunidade crucial para dar um empurrãozinho na evolução. O plano era pegar os corais criados em cativeiro no ato, recolher os gametas, e então, mais ou menos como os criadores de pombos, selecionar os casais. Uma das equipes planejava acasalar a espécie *Acropora tenuis* recolhida da parte mais quente, ao norte do recife, com *Acropora tenuis* recolhidas ao sul. Uma segunda equipe alimentava planos de cruzar diferentes espécies de *Acropora* a fim de criar híbridos. Alguns dos filhotes desses acasalamentos artificiais seriam — assim acreditavam — mais resilientes do que seus pais.

Naquela noite, os pesquisadores passaram horas observando os aquários. "Esta noite vai ser boa", me disse um dos cientistas que montava guarda. "Posso sentir." Na corrida para a desova, cada pólipo desenvolve uma minúscula bolha, fazendo com que a colônia pareça estar arrepiada. O fenômeno é chamado de "configuração". Enquanto observávamos, algumas das colônias começaram a se configurar. Então, talvez por timidez, talvez por ansiedade, se retraíram. Aos poucos o público desistiu e foi dormir. O SeaSim tem dormitórios para noites de trabalho como aquela, mas estavam lotados, então fui para o estacionamento decidida a dirigir de volta a Townsville. Enquanto caminhava no escuro, podia ouvir os guinchos dos morcegos de frutas nas árvores. A noite seguinte, assim me garantiram, seria a grande noite.

A Grande Barreira de Corais não é bem um coral, mas um conjunto de corais — uns três mil no total — que se estende ao longo de 350 mil quilômetros quadrados, área maior que a Itália. Se existe lugar mais espetacular no mundo — ou um conjunto de lugares — eu desconheço. Uma vez passei uma semana numa estação de pesquisa numa pequenina ilha na extremidade sul da barreira, próxima ao Trópico de Capricórnio. Mergulhando com snorkel na One Tree Island, vi corais em variedades alucinantes: em formato de galhos, arbustos, parecendo cérebros, pratos, leques e flores e penas e dedos. Também vi tubarões, golfinhos, arraias, tartarugas marinhas, pepinos do mar, polvos de olhos arregalados, moluscos gigantes de lábios lúbricos, e peixes com mais cores do que as imaginadas pela Crayola.

O número de espécies encontradas num trecho de recife saudável é provavelmente maior do que o encontrado num espaço similar em qualquer outro lugar da Terra, inclusive na Floresta Amazônica.[17] Certa vez, pesquisadores separaram uma única colônia de coral e contabilizaram mais de oito mil criaturas escavando, pertencentes a mais de duzentas espécies.[18] Graças ao uso de técnicas de sequenciamento genético, outros pesquisadores registraram o número de espécies possíveis de serem encontradas apenas entre os crustáceos. Em um pedaço de coral do tamanho de uma quadra de basquete na extremidade norte da Grande Barreira, encontraram mais de duzentas espécies — a maioria caranguejos e camarões — e em outro, de tamanho similar na extremidade sul, identificaram quase 230 espécies.[19] Estima-se que, no mundo inteiro, recifes abriguem entre um e nove milhões de espécies,[20] ainda que os cientistas encarregados do estudo do crustáceo tenham concluído que, provavelmente, mesmo esta alta estimativa seja baixa demais. É possível, escreveram, que "a diversidade dos corais" tenha sido "seriamente subestimada".

Essa diversidade é ainda mais extraordinária à luz dos arredores. Recifes de corais são encontrados apenas em uma faixa que se estende ao longo do Equador, entre 30ºN e 30ºS de latitude. Nessas latitudes, não há muito entrosamento entre as camadas do topo e de baixo da coluna de água, e faltam nutrientes essenciais, como o nitrogênio e o fósforo. (O motivo de a água nos trópicos ser normalmente de uma transparência deslumbrante é que poucos conseguem sobreviver nela.) Como os recifes geram tanta diversidade em tão austeras condições foi algo que sempre intrigou os cientistas — um dilema que passou a ser conhecido como o "paradoxo de Darwin". A melhor resposta para isso é que os habitantes dos recifes desenvolveram um sistema de reciclagem de ponta: o lixo de uma espécie transforma-se no tesouro da vizinha. "Na cidade dos corais não há desperdício", escreveu Richard C. Murphy, biólogo marinho que trabalhou com Cousteau. "O subproduto de um organismo é a fonte de outro."[21]

Como ninguém sabe quantas criaturas dependem dos recifes de corais, ninguém pode saber quantas seriam ameaçadas por seu colapso; contudo, sem sombra de dúvida, o número é gigantesco. Estima-se que uma a cada quatro criaturas nos oceanos passe ao menos parte de sua vida num recife. Segundo Roger Bradbury, ecologista da Universidade Nacional da Austrália, caso essas estruturas desapareçam, os mares ficarão muito parecidos com o que eram no período Pré-cambriano, há mais de quinhentos milhões de anos, antes de os crustáceos terem sequer evoluído. "O mar ficará gosmento", observou.[22]

• • •

A Grande Barreira de Corais é administrada como parque nacional pelo Great Barrier Reef Marine Park Authority, cujo acrônimo em inglês é o estranho GBRMPA (pronúncia: "gabrumpa"). Poucos meses antes de minha viagem à Austrália, o GBRMPA tinha apresentado um "relatório de prospectiva", exigido a cada cinco anos. O órgão de fiscalização disse que as previsões a longo prazo para o recife de corais, antes caracterizadas como "precárias", declinaram para "muito precárias".[23]

Por volta da época em que o GBRMPA apresentou essa sombria avaliação, o governo australiano aprovou a construção de uma gigantesca mina de carvão num local a poucas horas ao sul do SeaSim.[24] A mina, com frequência descrita como "megamina", deve exportar a maioria de sua produção para a Índia a partir de um porto — Abbot Point — situado ao longo do recife. Salvar corais e produzir mais carvão são, como muitos comentaristas ressaltaram, atividades de difícil conciliação. "O projeto de energia mais insano do mundo", foi a avaliação da *Rolling Stone*.[25]

Por incrível que pareça, a sede do GBRMPA fica num centro comercial meio abandonado em Townsville. No meu segundo dia na cidade, fui a pé até lá para conversar com David Wachenfeld, cientista-chefe do órgão.

"Se tivéssemos agido com mais firmeza trinta anos atrás a fim de impedir a mudança climática, não sei se estaríamos tendo esta conversa", disse Wachenfeld. Ele usava uma camisa polo azul-escura bordada com o símbolo da comunidade australiana, um canguru olhando um emu. "Provavelmente estaríamos dizendo: desde que protejamos o parque marinho, acreditamos que o recife cuide de si mesmo."

O fato é que, segundo ele disse, seria necessária uma abordagem mais intervencionista. Em conjunto com várias universidades e institutos de pesquisa, o GBRMPA planejava gastar no mínimo 100 milhões de dólares australianos (cerca de 70 milhões de dólares americanos) na investigação de estratégias capazes de interceder a favor do recife. Entre as quais: implantar robôs subaquáticos para semear recifes danificados, desenvolver algum tipo de filme ultrafino para manter os recifes na sombra, bombear água do fundo do mar para a superfície a fim de fornecer aos corais algum alívio para o calor e a semeadura de nuvens marinhas. Esta última possibilidade envolveria aspergir gotículas de água salgada no ar para criar uma espécie de neblina artificial. A mistura salgada, ao menos em teoria, encorajaria a formação de nuvens de tons mais claros, que refletiriam a luz do Sol no espaço, neutralizando o aquecimento global.

Wachenfeld contou que as novas tecnologias provavelmente precisariam ser implantadas em conjunto de maneira que, por exemplo, um robô pudesse espalhar larvas geneticamente aperfeiçoadas em um recife de coral protegido por uma fina camada de filme ou névoa artificial. "Você não faz ideia das inovações possíveis graças a um nível de imaginação incrível", afirmou.

Naquela noite, peguei o carro e voltei para o SeaSim. Perto do estacionamento, avistei uma família de porcos selvagens fuçando. Os animais sinantrópicos, gordos e lustrosos, pareciam estar se divertindo. Pouco a pouco, estudantes e pesquisadores começaram a sair dos dormitórios. Quando o Sol simulado se pôs sobre o mar simulado, o lugar ganhou vida com luzes vermelhas ziguezagueando pela penumbra como vaga-lumes.

Todos os presentes na noite anterior estavam de volta. Além das equipes trabalhando com Madeleine van Oppen, reconheci um grupo que planejava congelar gametas de coral, um seguro de vida contra o apocalipse, e outro que tentava manipular geneticamente embriões de coral. Havia caras novas também. Uma equipe de cinegrafistas chegara de Sydney. (Me ocorreu que se nós éramos voyeurs, os cinegrafistas eram produtores de filmes pornográficos.)

Paul Hardisty, chefe do instituto responsável pelo SeaSim, também comparecera ao espetáculo. Nascido no Canadá, Hardisty é alto e magro, ao estilo cowboy. Perguntei a ele sua opinião sobre o futuro dos recifes. Ele demonstrou ao mesmo tempo desânimo e entusiasmo.

"Não estamos discutindo paisagismo de corais aqui", respondeu.

"Estamos falando de intervenções importantes, em escala industrial — em escala de recife. De fato, é uma curva acentuada, mas é possível — foi isso que concluímos —, com as mentes mais brilhantes do mundo todas trabalhando em conjunto." Para incrementar as pesquisas, o SeaSim seria ampliado; caso eu voltasse dentro de poucos anos, disse Hardisty, o SeaSim teria dobrado de tamanho.

"Não será num passe de mágica", continuou. "Será uma combinação de elementos, combinações como, por exemplo, a semeadura de nuvens e a evolução assistida. Vamos precisar de engenharia, pois para fazer a diferença precisamos de rápida mobilização. Também precisaremos de tecnologias da indústria farmacêutica, pois temos de descobrir mecanismos de disponibilização em massa. Talvez — não sei — usemos pílulas."

As luzes cor de rubi esvoaçavam e inclinavam à nossa volta. "É muita presunção e arrogância achar que podemos sobreviver sem mais nada", disse Hardisty. "Viemos deste planeta. Enfim, estou ficando meio filosófico. Preciso ir para casa e assistir a uma partida de hóquei."

Enquanto esperávamos os corais entrarem no clima, não havia muito a fazer. Em pé no escuro, também me peguei "ficando um pouco filosófica". Hardisty tinha razão, claro; *era* presunção imaginar que o homem pudesse levar a Grande Barreira de Corais a entrar em colapso sem sofrer qualquer consequência. Mas também não seria presunção — um outro tipo de presunção, claro — imaginar "intervenções em escala de recifes"?

Quando Darwin justapôs seleção "artificial" e "natural", não tinha dúvidas sobre qual seria a mais poderosa. Os admiradores de pombos tinham feito coisas incríveis, criado espécies tão distintas que, para muitos, pareciam pássaros totalmente diferentes. (Todas as variedades, de pombos-leque a pombos-de-papo, Darwin concluiu, descendiam de uma única espécie, pombo-das-rochas, a *Columba livia*.) Criadores de cães também criaram, com diferentes propósitos, galgos e corgis, buldogues e spaniels. A lista se estendia: as ovelhas no celeiro, as peras no jardim, o milho no silo — todos produtos de gerações de atenta reprodução.

Mas, no plano global, a seleção artificial ainda comia pelas beiradas. Contudo, a seleção natural — indiferente, apesar de sua paciência infinita — foi quem deu origem à surpreendente diversidade da vida. No parágrafo final e muito citado de *A origem das espécies*, Darwin evoca uma "colina luxuriante, revestida de muitas plantas dos mais diversos tipos, com pássaros cantando nos arbustos, vários insetos esvoaçando e vermes rastejando pela terra úmida".[26] Todas estas "formas de construção elaborada, tão diferentes entre si, e dependentes umas das outras de um modo tão complexo", foram produzidas pela mesma força irracional, inumana.

"Há uma grandiosidade inerente a esta visão da vida", assegura Darwin aos leitores, que imagina ainda céticos depois de quatrocentas e noventa páginas. Das mais simples criaturas que se precipitaram no lodo primordial, "infinitas formas do mais belo e mais maravilhoso que há foram desenvolvidas, e continuam a se desenvolver".

A Grande Barreira de Corais pode ser considerada a "colina luxuriante" suprema. Dezenas de milhões de anos de evolução transcorreram para sua criação, resultando em que mesmo um pedacinho do tamanho de um punho tenha uma quantidade incomensurável de vidas, abarrotado de criaturas "dependentes umas das outras de um modo tão complexo" que os biólogos provavelmente jamais irão dominar por completo essas relações. E o recife de corais — pelo menos por enquanto — sobrevive.

Todos com quem conversei na Austrália entendiam que a preservação da Grande Barreira de Corais, em toda sua grandiosidade, superava o que era de se esperar — de modo realista ou mesmo irrealista. Contentar-se mesmo com um décimo significaria semear e sombrear com a ajuda de robôs uma área do tamanho da Suíça. O que estava em jogo, na melhor das hipóteses, era uma versão diminuta — uma espécie de Razoável Barreira de Corais.

"Se pudermos prolongar a vida dos corais por mais vinte ou trinta anos, talvez seja tempo suficiente para o mundo cair em si e tentar controlar as emissões, o que pode representar a diferença entre não ter nada e ter alguma espécie de recife de corais funcional", me disse Hardisty. "Ou seja, é muito triste ter que dizer isso. Mas é a verdade."

A segunda noite que passei no SeaSim também se revelou um fracasso. Algumas colônias liberaram o que um pesquisador chamou de "gosma". E então, na noite seguinte, mais uma vez lá fui eu para o SeaSim.

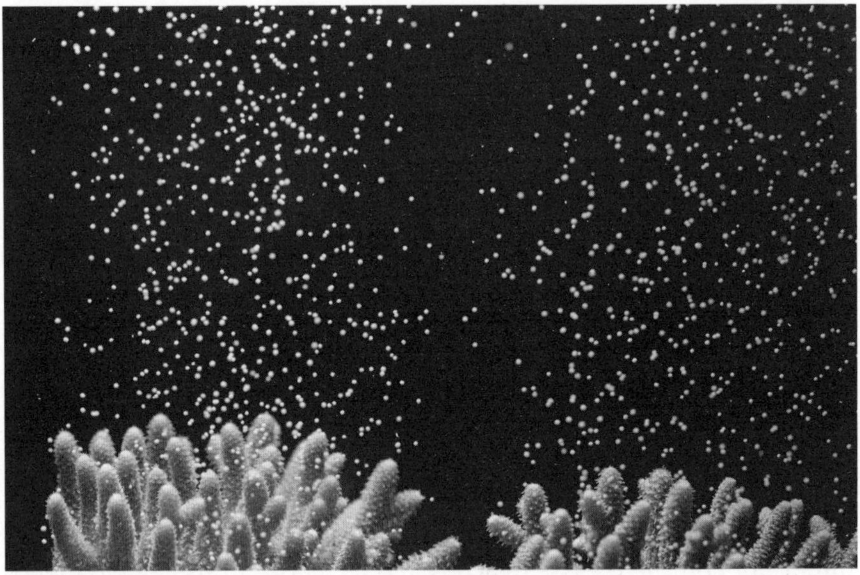

Corais em desova liberam pequenas continhas de óvulos e espermatozoides.

Agora eu sabia o que esperar. Quando anoitecesse, os pesquisadores acenderiam as lâmpadas de cabeça e circulariam entre os aquários. Ao perceberem uma colônia de coral, a retirariam do aquário comum e a colocariam num balde. Naquela noite, tantas colônias de *Acropora tenuis* prepararam-se para a reprodução que foi difícil se locomover. Havia baldes enfileirados no chão. Algumas das colônias vinham de uma área conhecida como Keppels, no extremo sul da Grande Barreira de Corais; outros eram de um lugar conhecido como Davies Reef, a centenas de quilômetros ao norte. No curso natural dos acontecimentos, tais colônias tão distantes umas das outras não teriam chance de se acasalar. Mas o objetivo do experimento era justamente não deixar as coisas nas mãos da natureza.

Kate Quigley, aluna de pós-doutorado, estava encarregada dos acasalamentos e de uma equipe de voluntários formada principalmente por estudantes universitários. Usava a luz vermelha pendurada no pescoço, como um amuleto reluzente, e tinha disposto dúzias de recipientes de plástico nos quais, se tudo corresse bem, os intercruzamentos se dariam. Embriões formados nos recipientes, explicou, seriam transferidos para aquários pequenos, onde seriam submetidos ao estresse gerado pelo calor. Os sobreviventes seriam então "infectados" com diferentes simbiontes, inclusive algumas das estirpes criadas em laboratório que eu vira em Melbourne, para serem submetidos a ainda mais estresse.

"Queremos levá-los ao seu limite", disse Kate. "Estamos em busca do melhor entre os melhores."

Durante minha viagem a One Tree Island, tive a sorte de fazer um mergulho com snorkel à meia-noite durante uma desova. A cena parecia uma nevasca nos Alpes, só que de cabeça para baixo. Mesmo num balde, a desova é um espetáculo maravilhoso. A princípio, apenas poucos pólipos liberam seus feixes, seguidos pelos restantes, como se acionados por algum código secreto. Os feixes sobem pela água até a superfície, desafiando a lei da gravidade. Na superfície, formam uma mancha rosada.

"Esse é um dos verdadeiros milagres da natureza", entreouvi de um cientista da equipe de edição genética, mais para si mesmo do que para alguém.

Enquanto colônia após colônia se desprendiam, Kate Quigley arregimentava seus voluntários. Deu a cada um dos estudantes um balde e uma peneira. Com uma pipeta, extraiu os feixes de gametas dos baldes e os distribuiu entre as peneiras. Num recife de corais, os feixes se abririam com a ajuda das ondas; no SeaSim, o trabalho das ondas teria de ser desempenhado por mãos humanas. Kate orientou os alunos a moverem os feixes em círculos até estes liberarem os gametas. Os espermatozoides cairiam dentro dos baldes, enquanto os óvulos, por serem maiores, ficariam presos na peneira. Os estudantes cumpriam sua tarefa concentradíssimos. Os óvulos pareciam flocos de papel cor-de-rosa. Os espermatozoides nos recipientes pareciam, bem, o que era de se esperar.

"Se quiser, posso pegar seu espermatozoide", ouvi uma jovem anunciar em voz alta.

"Claro, pegue uma tigela do meu espermatozoide", respondeu um jovem.

"Este é o único lugar onde é seguro dizer isso", observou uma terceira estudante.

Kate tinha traçado os cruzamentos desejados num caderno. Sob sua supervisão, os alunos misturaram espermatozoides e óvulos de diferentes partes do recife. Nisso seguiram noite adentro, até cada coral solitário encontrar seu par.

CAPÍTULO 3

ODIN, NA MITOLOGIA NÓRDICA, É UM DEUS DOTADO DE EXTREMO PODER, mas também trapaceiro. Por ter sacrificado um dos olhos em troca de sabedoria, tem apenas um olho. Entre seus vários talentos, é capaz de despertar os mortos, convocar tempestades, curar os doentes e cegar os inimigos. Não raro, se transforma em animal; como serpente, adquire o dom da poesia, que, inadvertidamente, transfere para seres humanos.

A Odin, em Oakland, na Califórnia, é uma empresa que vende kits de engenharia genética. Seu fundador, Josiah Zayner, tem um topete tingido de louro, diversos piercings e uma tatuagem com os dizeres: CRIE ALGO BONITO. Tem PhD em Biofísica e é um notório provocador. Entre suas muitas façanhas, usou a própria pele para produzir uma proteína fluorescente, ingeriu cocô de um amigo em um transplante de material fecal tipo faça-você-mesmo e tentou desativar um de seus genes para obter bíceps mais desenvolvidos. (Esta última experiência, ele reconhece, não deu certo.) Zayner se intitula "designer genético",[1] e diz que seu objetivo é dar às pessoas acesso aos recursos que elas precisam para modificar a vida em seu tempo de lazer.

Os produtos oferecidos pela Odin vão de um copo de vidro "Biohack the Planet" de 3 dólares, a um kit "de engenharia genética" ao custo de 1.849 dólares que inclui centrífuga, máquina de reação em cadeia da polimerase (técnica usada para amplificar ou replicar cópias de DNA) e uma caixa de eletroforese em gel (técnica de separação de moléculas). Optei por algo intermediário: um "kit de CRISPR bacteriano e fungo fluorescente", no valor de 209 dólares. Veio numa caixa de papelão com o logotipo da empresa, uma árvore retorcida rodeada por uma hélice dupla. A árvore, acredito, deve representar a Yggdrasil, cujo tronco, na mitologia nórdica, cresce no centro do cosmos.

Dentro da caixa, encontrei um sortimento de ferramentas de laboratório — ponteiras para pipetas, placas de Petri, luvas descartáveis — bem como vários frascos contendo *E. coli* e tudo de que eu precisaria para reorganizar seu genoma. O *E. coli* foi para a geladeira, perto da manteiga. Os outros frascos foram para dentro de um compartimento no congelador junto com o sorvete.

Hoje em dia, a engenharia genética já é uma senhora de meia-idade. A primeira bactéria geneticamente modificada foi produzida em 1973, logo seguida, em 1974, por um rato geneticamente modificado e por uma planta de tabaco geneticamente modificada em 1983. A primeira comida geneticamente modificada aprovada para consumo humano, o tomate *Flavr Savr*, foi licenciado em 1994; o desapontamento foi tão grande que deixou de ser produzido poucos anos depois. Variedades geneticamente modificadas de milho e de soja foram desenvolvidas mais ou menos na mesma época; contudo, ao contrário do *Flavr Savr*, tornaram-se mais ou menos onipresentes nos Estados Unidos.

Na última década, a modificação genética sofreu transformações graças ao CRISPR [Clustered Regularly Interspaced Short Palindromic Repeats — Repetições Palindrômicas Curtas Agrupadas e Regularmente Interespaçadas]. O CRISPR consiste em uma sequência de técnicas — a maioria emprestada de bactérias — que torna muito mais fácil para os biohackers e pesquisadores manipularem o DNA. O método permite a seus usuários separar pequenos fragmentos de DNA e, em seguida, desativar a sequência comprometida ou substituí-la por uma nova.

As possibilidades a seguir são quase infinitas. Jennifer Doudna, professora da Universidade da Califórnia em Berkeley e uma das responsáveis pelo desenvolvimento do CRISPR, deu a seguinte explicação: agora temos "como reescrever cada molécula da vida como bem entendermos".[2] Com o CRISPR, biólogos já criaram, entre muitas coisas, alguns seres vivos: formigas sem olfato,[3] besouros que desenvolvem músculos iguais aos de super-heróis, porcos resistentes à febre suína, macacos que sofrem de distúrbios de sono,[4] grãos de café sem cafeína, salmões que não põem ovos, camundongos que não engordam e bactérias cujos genes contêm, em código, a famosa série de fotografias de Eadweard Muybridge que mostram um cavalo de corrida em movimento.[5] Há poucos anos, um cientista chinês, He Jiankui, anunciou ter criado os primeiros bebês do mundo (gêmeas) geneticamente modificados usando a técnica de edição de genes conhecida como CRISPR. Segundo He, os genes das meninas tinham sido modificados de modo a lhes conferir resistência ao HIV, apesar da veracidade da declaração ainda permanecer uma incógnita. Pouco depois do anúncio, o cientista foi condenado à prisão domiciliar em Shenzhen.

Quase não tenho experiência em genética e não faço trabalhos em laboratório desde o ensino médio. Ainda assim, seguindo as instruções anexadas na caixa da Odin, consegui, num final de semana, criar um novo organismo. Primeiro criei uma colônia de *E. coli* em uma das placas de Petri. Depois a incrementei com as várias proteínas e pedacinhos do DNA geneticamente modificado guardados no congelador. O processo trocou uma "letra" do genoma da bactéria, substituindo um A (adenina) por um C (citosina). Graças a essa mudança, meu novo e aprimorado *E. coli* podia, de fato, atacar a estreptomicina, um poderoso antibiótico. Embora parecesse um tanto quanto assustador criar, em minha cozinha, um fragmento de *E. coli* resistente ao remédio, não posso negar a sensação de triunfo. Tanto que decidi passar para o segundo projeto incluído no kit: inserir um gene de água-viva na levedura para fazê-la brilhar.

O Laboratório Australiano de Saúde Animal, na cidade de Geelong, é um dos mais avançados e protegidos laboratórios do mundo.[6] Situado atrás de dois pares de portões, dos quais o segundo visa impedir caminhões-bombas e seus muros de concreto têm espessura suficiente, assim me disseram, para resistir ao choque de um avião. Há 520 portas herméticas *"airlock"* na planta e quatro níveis de segurança. "Aqui é o lugar onde você gostaria de estar se houvesse um apocalipse de zumbis", me disse um dos membros da equipe. No nível de biossegurança mais alto — PC 4 — encontram-se provetas que contêm alguns dos mais perigosos patógenos de origem animal do mundo, incluindo o Ebola. (O laboratório é atingido no filme *Contágio.*) Membros da equipe que trabalham nas unidades de biossegurança de nível quatro não podem entrar com suas roupas no laboratório e têm de tomar um banho de no mínimo três minutos antes de ir para casa. Por sua vez, os animais na instalação não podem sair em hipótese alguma. "O único jeito de saírem é pelo incinerador", me explicou um funcionário.

Geelong fica a cerca de uma hora a sudoeste de Melbourne. Na mesma viagem em que conheci Madeleine, visitei o laboratório, conhecido pela sigla AAHL (rima com "maul"). Tinha ouvido falar de um teste de modificação genética que estava sendo realizado no laboratório e que me deixou curiosa. Em consequência de outro teste de biocontrole que deu errado, a Austrália foi invadida por uma espécie de sapo gigante conhecido familiarmente como sapo-boi. Mantendo a recorrente lógica do Antropoceno, pesquisadores da AAHL esperavam solucionar esse desastre com outra rodada de biocontrole. O projeto envolvia editar o genoma do sapo com o uso do CRISPR.

Um bioquímico chamado Mark Tizard, encarregado do projeto, concordara em me levar para conhecer o lugar. Tizard é um homem baixinho de cabelos brancos e olhos azuis faiscantes. Como muitos dos cientistas que conheci na Austrália, nasceu em outro lugar, no caso na Inglaterra.

Antes de se dedicar aos anfíbios, Tizard trabalhava basicamente com aves. Muitos anos atrás, ele e alguns colegas do AAHL inseriram um gene de água-viva numa galinha. O gene, similar ao que eu planejava inserir na minha levedura, tem uma proteína fluorescente codificada. Em consequência, uma galinha com essa proteína emitiria um brilho esquisito sob luz ultravioleta. Em seguida, Tizard imaginou uma forma de inserir o gene fluorescente de modo a ser passado apenas para os filhotes machos. O resultado seria possibilitar saber o sexo dos pintinhos da galinha enquanto ainda estão dentro do ovo.

Tizard sabe que muita gente tem pavor de organismos modificados geneticamente. Acham repugnante a ideia de comê-los e a de soltá-los no mundo, execrável. Embora não seja provocador, Tizard, assim como Zayner, acredita que essa gente vê as coisas por um prisma totalmente equivocado.

"Temos galinhas com brilho verde", me contou. "E quando turmas de escolas vêm aqui, ao verem a galinha verde, sabe como é, algumas crianças exclamam, 'Cara, sinistro! E aí, se eu comer essa galinha vou ficar verde?' E eu respondo, 'Você já come galinha, certo? Por acaso cresceram penas e bico em você?'"

De qualquer modo, segundo Tizard, já é tarde demais para se preocupar com alguns genes espalhados aqui e acolá. "Se você olhar a paisagem australiana, verá árvores de eucalipto, coalas, kookaburras, e por aí vai", disse. "Se olho essa paisagem, como cientista, o que vejo são múltiplas cópias do genoma do eucalipto, múltiplas cópias do genoma do coala e assim por diante. E esses genomas interagem entre si. Aí, de repente, *ploft*, você põe um genoma extra — o genoma do sapo-boi. Nunca esteve ali antes, e sua interação com todos esses outros genomas é catastrófica. Acaba por completo com outros genomas."

"O que as pessoas não veem é que já existe um meio ambiente geneticamente modificado", prosseguiu. Espécies invasoras alteram o meio ambiente acrescentando genomas inteiros que não fazem parte do local. Em contrapartida, as modificações genéticas apenas alteram poucas cadeias de DNA aqui e ali.

"O que fazemos é acrescentar potencialmente talvez uns dez outros genes aos vinte mil genes de sapos que, para começo de conversa, nem deveriam estar ali. E estes dez sabotarão os demais e os expulsarão do sistema e assim restauram o equilíbrio", disse Tizard. "A pergunta clássica feita quando se trata de biologia molecular é: estão brincando de Deus? Não, ora. Estamos usando nossa compreensão dos processos biológicos para verificar se podemos trazer benefícios a um sistema em trauma."

Conhecido, em termos formais, como *Rhinella marina*, os sapos-bois são de um marrom borrado, têm pernas grossas e pele encaroçada. As descrições enfatizam, é inevitável, seu tamanho. "O *Rhinella marina* é um enorme e verruguento bufonídeo (sapo comum)", conforme o Serviço de Peixes e Vida Selvagem dos Estados Unidos.[7] "Espécimes grandes sentados em estradas são com frequência confundidos com pedregulhos", observa o Serviço de Monitoramento Geológico norte-americano.[8] O maior sapo-boi já registrado media 38 centímetros de comprimento e pesava quase três quilos — tanto quanto um chihuahua rechonchudo. Um sapo-fêmea apelidado de Bette Davis, que morou no Museu de Queensland, em Brisbane, nos anos 1980, tinha 24 centímetros de comprimento e quase o mesmo de largura — era mais ou menos do tamanho de um prato de jantar.[9] Os sapos comem quase tudo que caiba em suas bocas enormes, inclusive camundongos, ração de cachorro e outros sapos-bois.

Os sapos-bois são originários da América do Sul, da América Central e do extremo sul do Texas. Em meado dos anos 1800, eram importados para o Caribe.[10] A ideia era alistar os sapos-bois na batalha contra as larvas de bichos que infestavam as plantações da fonte de renda da região — a cana-de-açúcar. (A cana-de-açúcar também é uma espécie importada, originária da Nova Guiné.) Da região caribenha, os sapos foram despachados para o Havaí e de lá para a Austrália. Em 1935, 102 sapos foram embarcados em um barco a vapor em Honolulu. Cento e um sobreviveram à travessia e acabaram em uma estação de pesquisa numa área de plantação de cana-de-açúcar na costa nordeste da Austrália. Em um ano, produziram mais de um milhão e meio de ovos.[11] Estes sapinhos foram soltos, intencionalmente, nos rios e lagos da região.

É duvidoso que os sapos tenham sido de grande serventia para a cana-de-açúcar, pois as larvas das pragas ficam empoleiradas muito acima do solo para que os anfíbios consigam alcançá-las. Isso não intimidou os sapos. Encontraram muitas outras coisas para comer e continuaram a produzir filhotes aos montes. De uma ponta do litoral de Queensland foram para o norte, onde entraram na península de Cape York, e para o sul, em New South Wales. Em algum momento nos anos 1980, atravessaram e chegaram ao Território do Norte. Em 2005, aportaram em um local conhecido como Middle Point, na parte ocidental do território, perto da cidade de Darwin.

Durante o percurso, algo curioso aconteceu. Na fase inicial da invasão, os sapos avançavam em média cerca de dez quilômetros por ano. Poucas décadas depois, avançavam vinte quilômetros por ano. Ao alcançarem Middle Point, tinham acelerado para 48 quilômetros por ano. Quando pesquisadores avaliaram os sapos no front de ataque, descobriram o motivo. Os sapos das linhas de frente tinham pernas bem mais compridas que os sapos lá de Queensland.[12] E esse traço era hereditário. O *Northern Territory News* publicou a história na primeira página, com a manchete SUPERSAPO. Acompanhando o artigo, uma fotomontagem de um sapo-boi usando uma capa de super-herói. "Ele invadiu o território e agora o odiado sapo-boi está evoluindo",[13] lamentava-se o jornal. Contrariando Darwin, ao que tudo indicava a evolução *podia* ser observada em tempo real.

Sapos-bois não são apenas perturbadoramente grandes; sob o ponto de vista dos humanos, também são feios, têm cabeças ossudas e expressão malvada. O traço que os torna "odiados", no entanto, é serem venenosos. Quando um sapo adulto é mordido ou se sente ameaçado,

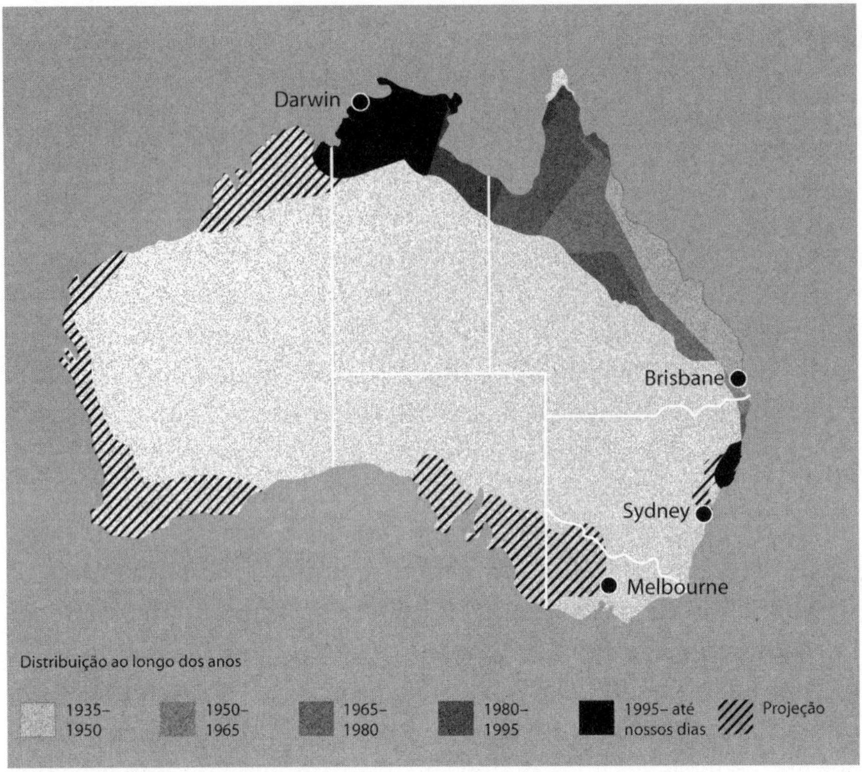

Desde que foi introduzido, o sapo-boi se espalhou pela Austrália. Espera-se que ele continue expandindo seu território.

solta uma gosma leitosa que contém elementos capazes de parar o coração. Com frequência, cachorros são vítimas de envenenamento por sapos-bois, e os sintomas variam de ficar com a boca espumando até sofrerem uma parada cardíaca. As pessoas tolas o suficiente para consumir sapos-bois em geral acabam mortas.

A Austrália não tem sapos venenosos; na verdade, não tem nenhum sapo. Então sua fauna nativa não evoluiu para se prevenir contra eles. A história do sapo-boi, portanto, é a história da carpa asiática do avesso, ou talvez de cabeça para baixo. Enquanto as carpas são um problema nos Estados Unidos porque ninguém as come, os sapos-bois são uma ameaça na Austrália porque quase todos os comem. A lista de espécies cujos números desabaram em consequência da ingestão de sapo-boi é comprida e variada.[14] Inclui: crocodilos de água doce, chamados pelos australianos de *freshies*, os lagartos monitores (*Varanus panoptes*) de manchas amarelas, cujo tamanho pode chegar a até quase dois metros de comprimento; os lagartos de língua azul (*Tiliqua scincoides intermedia*), que na verdade são camaleões; os dragões de água (*Physignathus lesueurii*), parecidos com dinossauros pequenos; as cobras da morte (*Acanthophis antarcticus*) que, como o nome sugere, são serpentes venenosas; e as cobras-reis-castanhas (*Pseudechis australis*), também venenosas. Com certeza o animal vencedor da lista de vítimas é o quoll setentrional (*Dasyurus hallucatus*), um marsupial de aparência fofinha. O animal tem cerca de trinta centímetros de comprimento, focinho pontudo e pelo marrom com pintas brancas. Quando eles crescem o suficiente para saírem da bolsa da mãe, passam a ser carregados nas costas.

Numa tentativa de reduzir o número de sapos-bois, os australianos inventaram todo tipo de equipamentos engenhosos e outros nem tão engenhosos. O *Toadinator* é uma armadilha equipada com um alto-falante que reproduz o coaxar do sapo-boi, comparado a um toque de telefone por alguns e a um ronco de motor por outros. Pesquisadores da Universidade de Queensland desenvolveram uma isca usada para atrair os sapos-bois à perdição. Muita gente atira em sapos-bois com espingardas de ar comprimido, usam martelos para golpeá-los, tacos de golfe para acertá-los, os atropelam de propósito com seus carros, os enfiam no freezer até congelarem, e jogam um spray chamado HopStop, que, garantem aos compradores, "anestesiam sapos em segundos" e os despacham em uma hora. Comunidades organizam milícias para "exterminar sapos". Um grupo chamado Kimberly Toad Busters recomendou ao governo australiano oferecer recompensa para cada sapo exterminado.[15] O lema do grupo é: "Se todos fossem exterminadores de sapos, os sapos seriam exterminados!"

Até Tizard se interessar por sapos-bois, nunca tinha visto um sequer. Geelong fica em uma região — no sul de Victoria — ainda não conquistada pelos sapos. Mas certo dia, numa reunião, se sentou ao

Uma criança australiana com seu sapo-boi de estimação, Dairy Queen.

lado de uma bióloga molecular que estudara o anfíbio e ela lhe contou que, apesar de toda a dizimação, os sapos continuavam se alastrando.

"Ela disse: que vergonha! Se houvesse um outro jeito de resolver a questão...", lembra-se Tizard. "Bem, eu me recostei e cocei a cabeça."

"Pensei: toxinas são geradas por via metabólica", prosseguiu. "Isso significa enzimas, e enzimas precisam de genes para codificá-las. Ora, temos ferramentas para quebrar genes. Talvez possamos quebrar o gene que leva à toxina."

Tizard levou uma aluna de pós-graduação chamada Caitlin Cooper para ajudar no processo. Caitlin é uma jovem de cabelos castanhos na altura dos ombros e riso contagiante. (Ela também vem de outro lugar — no seu caso, dos Estados Unidos.) Ninguém jamais tentara editar geneticamente o sapo-boi antes, então coube a Caitlin inventar um jeito. Os ovos do sapo-boi, ela descobriu, tinham que ser lavados e depois furados com uma pipeta finíssima, e rápido, antes de começarem a se dividir. "Refinar a técnica de microinjeção levou um bom tempo", me contou.

Numa espécie de exercício de aquecimento, Caitlin decidiu mudar a cor do sapo-boi. Um gene que contém pigmento-chave para sapos (e, por sinal, também para humanos) codifica a enzima tirosinase, que controla a produção de melanina. Desativar esse gene do pigmento deveria, raciocinou, produzir sapos mais claros e não mais escuros. Misturou alguns óvulos e espermatozoides numa placa de Petri, injetou no embrião resultante vários compostos relacionados ao CRISPR e aguardou. Três esquisitos girinos malhados emergiram. Um deles morreu. Os outros dois — ambos machos — vingaram e viraram sapinhos. Foram batizados de Spot e Blondie. "Fiquei totalmente extasiado quando isso aconteceu", me contou Tizard.

Em seguida, Cooper voltou sua atenção para "quebrar" a toxicidade dos sapos. O sapo-boi guarda o veneno em glândulas localizadas atrás dos ombros. Em sua forma bruta, o veneno é apenas repugnante. Contudo, quando atacados, os sapos podem produzir uma enzima — bufotoxina hidrolase — capaz de aumentar em centenas de vezes a potência do veneno.[16] Graças ao uso do CRISPR, Caitlin editou geneticamente uma segunda leva de embriões para apagar uma seção do gene com o código da bufotoxina hidrolase. O resultado foi uma ninhada de sapinhos não venenosos.

Depois de conversarmos um tempo, Caitlin propôs mostrar seus sapos. Isso implicava entrar em áreas mais reservadas do AAHL, passar por mais portas herméticas e cumprir mais medidas de segurança. Todos colocamos roupas especiais por cima das nossas e botas por cima dos sapatos. Cooper borrifou um fluido de limpeza no meu gravador. ÁREA DE QUARENTENA, dizia uma placa. INFRATORES SUJEITOS A PENALIDADES PESADAS. Achei melhor não mencionar a Odin nem tampouco minhas aventuras bem menos seguras com edição de genes.

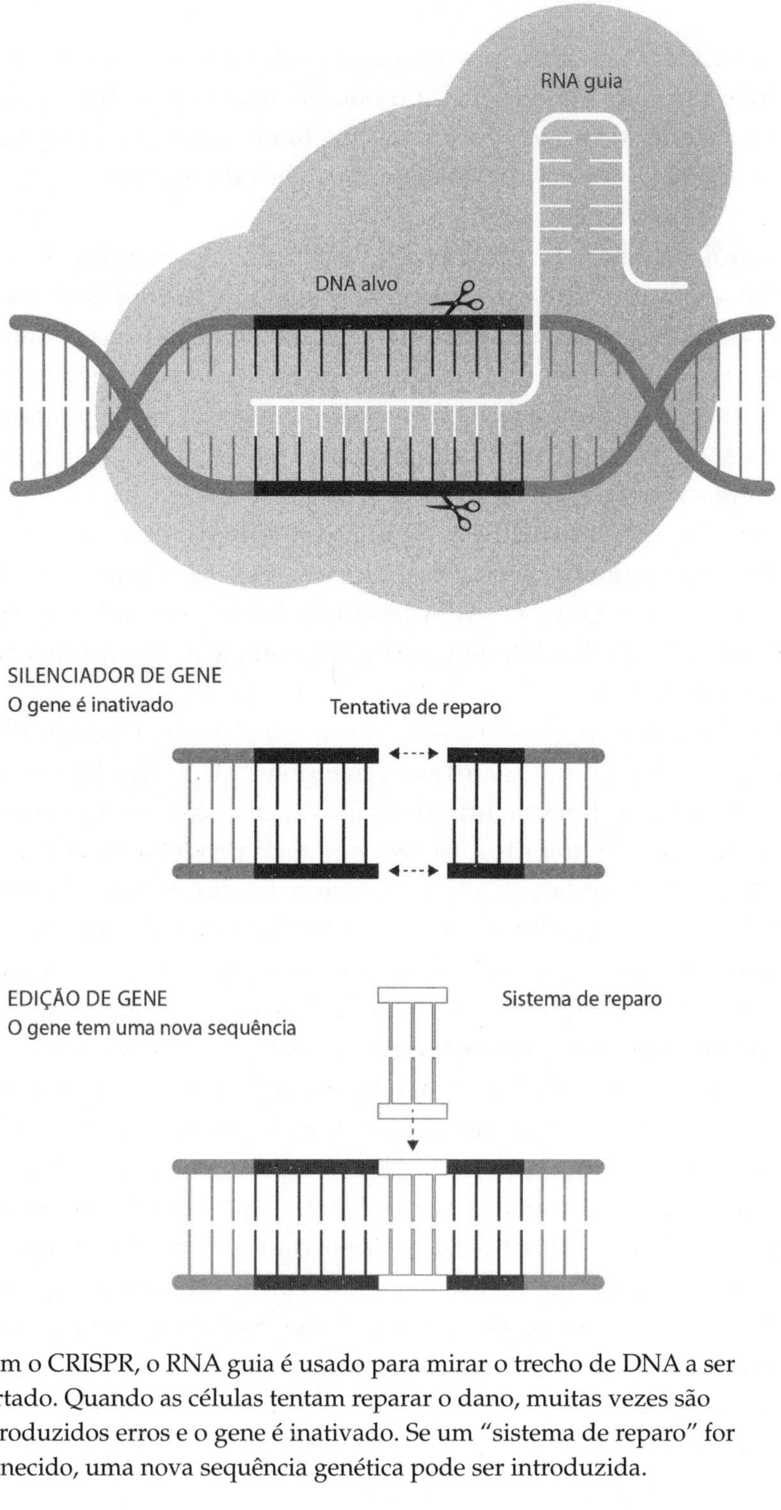

Com o CRISPR, o RNA guia é usado para mirar o trecho de DNA a ser cortado. Quando as células tentam reparar o dano, muitas vezes são introduzidos erros e o gene é inativado. Se um "sistema de reparo" for fornecido, uma nova sequência genética pode ser introduzida.

Por trás das portas havia uma espécie de curral antisséptico, cheio de animais em cercados de variados tamanhos. O odor era um cruzamento de hospital e zoológico. Perto de uma bancada com gaiolas de camundongos, os sapinhos detox saltitavam dentro de um aquário de plástico. Dúzias deles com dez semanas de vida e cerca de oito centímetros de comprimento.

"São muito agitados, como pode ver", disse Caitlin. O aquário tinha sido equipado com tudo o que alguém possa imaginar que agradaria a um sapo — plantas artificiais, uma banheira, uma lâmpada ultravioleta. Pensei no Toad Hall, "a casa moderna e confortável". Um dos sapos espichou a língua e capturou um grilo.

"Eles comem literalmente tudo", disse Tizard. "Comem até uns aos outros. Se um grande encontra um pequeno, pronto, já tem almoço."

Se fossem soltos nos campos australianos, é presumível que um bando de sapos detox não sobrevivesse por muito tempo. Alguns virariam lanche, de freshies ou lagartos ou cobras-da-morte, e o restante acabaria procriando com as centenas de milhões de sapos venenosos que já saltitam pelo campo.

O que Tizard tinha em mente para eles era uma carreira no meio acadêmico. Pesquisas com quolls sugerem que os marsupiais podem ser treinados para manter distância de sapos-bois. Alimente-os com "salsichas"[17] de sapo misturadas com emético e associarão sapos com náusea e, assim, aprenderão a evitá-los. Sapos detox, segundo Tizard, seriam instrumentos de treino ainda mais eficazes: "Se forem devorados por um predador, o predador adoecerá, mas não morrerá, e a partir daí, 'Não quero saber de comer sapo nunca mais na vida.'"

Antes de poderem ser usados para o treinamento de quolls — ou para outros propósitos — os sapos detox precisariam de grande número de autorizações governamentais. Na época de minha visita, Caitlin e Tizard não tinham começado a preencher a papelada, mas já contemplavam outros métodos. Caitlin achava possível mexer no gene que produz a camada de gel nos óvulos dos sapos de modo que fosse impossível fertilizar os ovos.

"Quando ela me descreveu a ideia, pensei: brilhante!", disse Tizard. "Se pudermos diminuir sua fertilidade, essa descoberta valerá ouro." (O sapo-boi fêmea pode produzir até trinta mil ovos de uma só vez.)

A poucos metros de distância dos sapos detox, Spot e Blondie, sentados em seu aquário particular, uma acomodação ainda mais sofisticada, com a foto de um cenário tropical encostado na frente para seu prazer. Já tinham quase um ano, ou seja, já eram adultos, e com suas grossas camadas de gordura abdominal pareciam lutadores de sumô. Spot era quase todo marrom, com uma perna posterior amarelada; Blondie tinha variações de cores mais ricas: as pernas traseiras eram esbranquiçadas e as pernas dianteiras e o peito exibiam listras. Caitlin enfiou a mão enluvada no aquário e retirou Blondie, a quem me descrevera como "lindo". Ele logo mijou nela. Pareceu abrir um sorriso malicioso, embora eu me desse conta, claro, que não era esse o caso. Ele tinha, assim me pareceu, uma cara que só alguém trabalhando com manipulação genética poderia gostar.

De acordo com a versão padrão de genética ensinada para as crianças nas escolas, a hereditariedade correspondia a um lançar de dados. Digamos que uma pessoa (ou um sapo) tenha recebido uma versão de um dos genes da mãe — vamos chamá-lo de *A* — e uma versão rival deste mesmo gene — *A1* — do pai. Então qualquer filho terá chances iguais de herdar um *A* ou um *A1*, e assim por diante. A cada nova geração, *A* e *A1* serão transmitidos obedecendo às leis da probabilidade.

Como muito do que é ensinado na escola, essa consideração é relativa. Há genes que seguem as regras do jogo, mas há também os que se recusam a segui-las. Genes "rebeldes" manipulam o jogo a seu favor e o fazem de uma série de formas diabólicas. Alguns interferem na replicação de um gene rival;[18] outros fazem cópias extras de si mesmos para aumentar suas chances de serem transmitidos, e outros ainda manipulam o processo de meiose, por meio do qual óvulos e espermatozoides são formados. Tais genes desobedientes às regras são tidos como "*drive*". Ainda que não confiram vantagens de aptidão — na verdade, mesmo que imponham um custo de aptidão — são transmitidos mais de metade das vezes. Alguns genes particularmente egoístas são transmitidos mais de 90% das vezes.[19] Descobriram-se genes condutores à espreita em grande número de criaturas, incluindo mosquitos, carunchos e lemingues,[20] e acredita-se que possam ser encontrados em várias outras espécies, caso alguém se dê ao trabalho de procurá-los. (Também é fato que os genes condutores mais eficazes são difíceis de serem detectados, pois conduziram outras variações ao esquecimento.)

Desde os anos 1960, explorar o poder dos genes condutores tem sido o sonho dos biólogos — em resumo, conduzir o condutor. Este sonho, bem como alguns outros, já foi realizado, graças ao CRISPR.

Em bactérias, que, se pode dizer, são as detentoras da patente original na tecnologia, o CRISPR funciona como um sistema imune. Bactérias que possuem o "*locus* CRISPR" podem incorporar excertos de DNA de vírus e outros agentes infecciosos nos próprios genomas. Usam esses excertos como fichas criminais para reconhecer potenciais agressores. Então enviam enzimas Cas, ou proteínas associadas à sequência CRISPR, que funcionam como facas minúsculas. As enzimas fatiam o DNA dos invasores em locais críticos, inativando-as.

Geneticistas adaptaram o sistema CRISPR-Cas para cortar quase todas as sequências de DNA desejadas. Também descobriram como induzir uma sequência defeituosa a costurar em si mesma um fio de DNA estranho que lhe tenha sido fornecido. (Foi assim que minha *E. coli* foi enganada e levada a substituir uma adenina por uma citosina.) Como o sistema CRISPR-Cas é uma construção biológica, também está codificado no DNA. Daí ser possível a criação do gene condutor. Insira os genes CRISPR-Cas em um organismo e o organismo pode ser programado para realizar a tarefa de reprodução genética em si mesmo.

Em 2015, um grupo de cientistas de Harvard anunciou ter usado esse truque autorreflexivo para criar um gene condutor sintético.[21] (Começando com um pouco de levedura de cor creme e um pouco de tonalidade vermelha, produziram colônias que, poucas gerações depois, eram todas vermelhas.) Três meses depois seguiu-se o anúncio de que pesquisadores da Universidade da Califórnia em San Diego tinham usado mais ou menos o mesmo artifício para criar um gene condutor sintético em moscas de frutas.[22] (Essas moscas são em geral marrons; o gene condutor, com tendência para uma espécie de albinismo, produziu filhotes amarelos.)[23] E seis meses depois, criaram um mosquito *Anopheles* geneticamente dirigido.

Se o CRISPR confere o poder de "reescrever as moléculas da vida" com um gene condutor sintético, esse poder cresce exponencialmente. Suponha que os pesquisadores em San Diego tivessem soltado suas moscas de frutas amarelas. Pressupondo-se que essas moscas encontrassem parceiros em enxames em torno de alguma lixeira do campus, sua prole também seria amarela. E pressupondo-se que esses descendentes sobrevivessem e se acasalassem também, seus descendentes seriam, por sua vez, amarelos. O traço continuaria a se propagar, inelutavelmente, do Parque Nacional de Redwood às correntes do Golfo no Atlântico, até o amarelo passar a ser dominante.

E não há de especial na cor das moscas de frutas. Quase qualquer gene em qualquer planta ou animal pode — em princípio, ao menos — ser programado para tirar nos dados da hereditariedade o número a seu favor. Isso inclui genes que já foram modificados ou emprestados de outras espécies. Seria possível, por exemplo, modificar um gene condutor que espalharia um gene que quebrasse a toxicidade no DNA dos sapos-bois. Talvez também seja possível um dia criar um gene condutor para corais que desenvolva um gene de tolerância ao calor.

Em um mundo de genes condutores sintéticos, a fronteira entre o humano e o natural, entre o laboratório e a natureza, já profundamente dispersa, desaparece. Em tal mundo, não apenas as pessoas determinam as condições sob as quais a evolução está ocorrendo, mas podem — novamente, em princípio — determinar o resultado.

O primeiro animal mamífero a ser manipulado com um CRISPR geneticamente dirigido e assistido será, tenho quase absoluta certeza, um camundongo. Os camundongos são conhecidos como "organis-

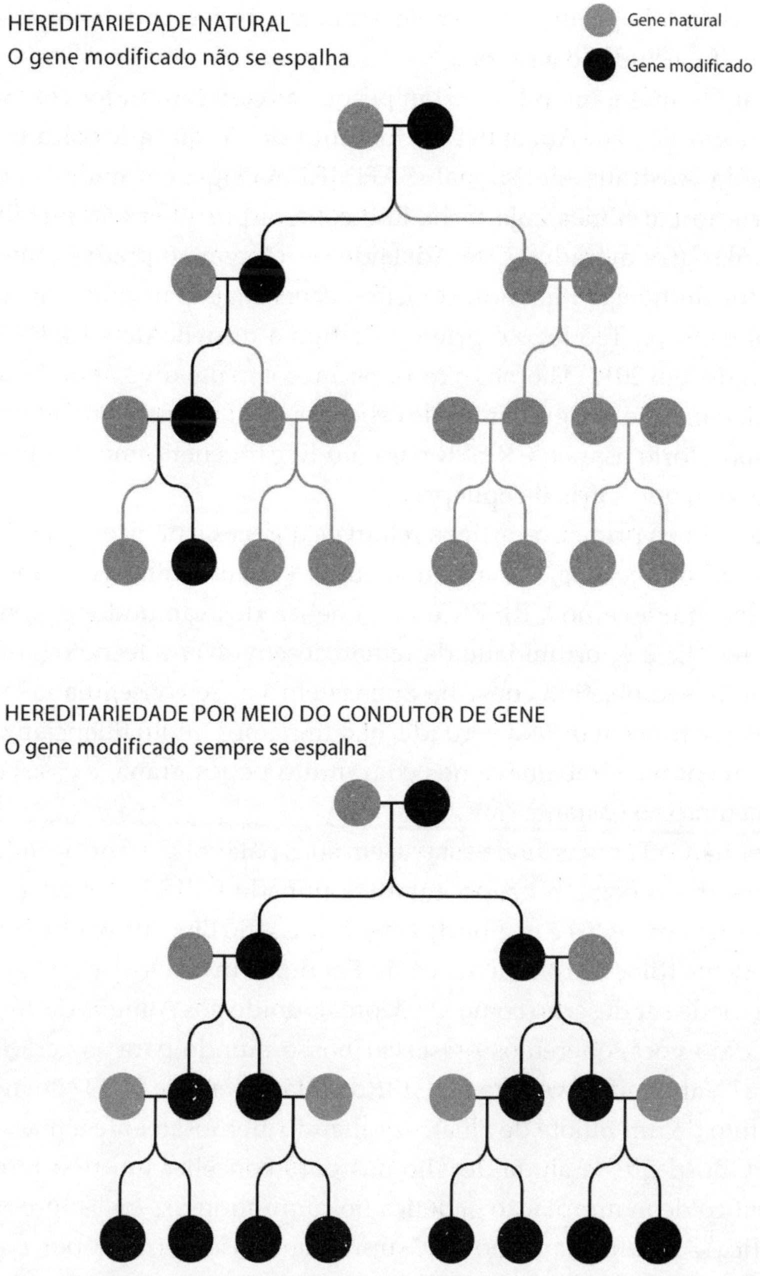

Com um gene condutor sintético, as regras normais de hereditariedade são substituídas e um gene modificado se espalha rapidamente.

mo modelo". Reproduzem-se com rapidez, são fáceis de criar e seu genoma foi estudado a fundo.

Paul Thomas é um pioneiro em pesquisas com camundongos. Seu laboratório fica em Adelaide, no Instituto de Pesquisa Médica e de Saúde da Austrália Meridional (SAHMRI, na sigla em inglês), uma construção curvilínea cuja fachada é coberta por uma teia metálica triangular. (Os moradores de Adelaide se referem ao prédio como o "ralador de queijo"; quando o visitei, achei mais parecido com um anquilossauro.) Tão logo o primeiro artigo a respeito do CRISPR foi publicado, em 2012, Thomas o reconheceu como um divisor de águas. "Imediatamente mergulhamos de cabeça nele", me disse. Em um ano, seu laboratório usara o CRISPR para modificar geneticamente um camundongo que sofria de epilepsia.

Quando os primeiros artigos relativos a genes sintéticos condutores foram publicados, Thomas mais uma vez mergulhou de cabeça: "Por ter interesse no CRISPR e na genética dos camundongos, não pude resistir à oportunidade de tentar desenvolver a tecnologia." A princípio, seu objetivo consistia apenas em ver se conseguia fazer a tecnologia funcionar. "Na verdade, não tínhamos muito financiamento", comentou. "Trabalhávamos com muito pouca grana, e esses experimentos são bastante caros."

Enquanto Thomas ainda estava, em suas palavras, "só brincando", foi procurado por um grupo autodenominado GBIRd. A sigla (cuja pronúncia em inglês é gee-bird) vem de Genetic Biocontrol of Invasive Rodents [Biocontrole Genético de Roedores Invasivos], e o etos do grupo pode ser descrito como Dr. Moreau unido aos Amigos da Terra.

"Como você, queremos preservar nosso mundo para as gerações futuras", anuncia o website do GBIRd. "Há esperança."[24] O site mostra a foto de um filhote de albatroz olhando afetuosamente a mãe.

O GBIRd quis a ajuda de Thomas para conceber um tipo muito específico de manipulação genética no camundongo — a "supressão genética". Esse mecanismo de "supressão" visa derrotar por completo a seleção natural. Seu objetivo é espalhar um traço tão deletério que pode varrer uma população. Pesquisadores da Inglaterra já modificaram um gene de supressão do mosquito *Anopheles gam-*

biae, transmissor da malária. Seu objetivo é soltar esses mosquitos na África.

Thomas me falou da existência de diversos métodos a seguir para criar um camundongo com gene autossupressor, quase todos relacionados ao sexo. Ele se mostrou particularmente entusiasmado com a ideia de um camundongo "triturador-X".

Os camundongos, como outros mamíferos, têm dois cromossomos determinantes do sexo — os XX determinam as fêmeas, e os XY os machos. O espermatozoide contém um único cromossomo X e um Y. Um camundongo "aniquilador de X" é um camundongo editado geneticamente para que todos os seus espermatozoides que contenham o cromossomo X sejam defeituosos.

"Metade do espermatozoide sai do estoque, se preferir", explicou Thomas. "Eles não podem mais se desenvolver. Ou seja, ficamos apenas com espermatozoides que contêm o cromossomo Y, então obteremos só descendentes machos." Insira as instruções de aniquilamento no cromossomo Y e as proles do rato, por sua vez, só gerarão filhos, e assim por diante. A cada geração, o desequilíbrio entre os sexos aumentará, até não sobrarem mais fêmeas para reproduzir.

Thomas explicou que a experiência com o camundongo com gene dirigido seria mais lenta do que se esperava. Ainda assim, achava que no final da década alguém criaria uma. Podia ser um aniquilador-de-X ou podiam usar um sistema de mutação ainda a ser inventado. A modelagem matemática sugere que a criação de um gene de supressão seria extremamente útil; se os camundongos geneticamente manipulados fossem soltos em uma ilha, em poucos anos uma população de cinquenta mil ratos comuns ficaria reduzida a zero.[25]

"É surpreendente", disse Thomas. "Algo que deve ser almejado."

Se o marco geológico mais evidente do Antropoceno é um pico nas partículas radioativas, seu marco biológico mais evidente pode ser um pico no número de roedores. Em qualquer parte do planeta onde os humanos se estabeleceram — e até mesmo em alguns lugares que apenas visitaram — camundongos e ratos os acompanharam, em geral com medonhas consequências.

O rato-do-pacífico (*Rattus exulans*) já viveu confinado no Sudeste Asiático. A partir de cerca de três mil anos atrás, navegadores polinésios levaram o rato para quase todas as ilhas do Pacífico. Sua chegada deu início a ondas recorrentes de destruição que atingiram ao menos mil espécies de pássaros das ilhas.[26] Mais tarde, os colonizadores europeus levaram ratos-pretos (*Rattus rattus*) a essas mesmas ilhas e a muitas outras, dando início a mais ondas de extinção, ainda em curso. No caso da Big South Cape Island, na Nova Zelândia, os ratos-pretos chegaram apenas nos anos 1960, o que possibilitou aos naturalistas assistir ao massacre. Apesar de intensos esforços para salvá-las, três espécies endêmicas da ilha — um morcego e dois pássaros — desapareceram.[27]

O camundongo (*Mus musculus*) é originário do subcontinente indiano; agora pode ser encontrado dos trópicos até bem próximo dos polos. De acordo com Lee Silver, autor do livro *Mouse Genetics*, "apenas os humanos são tão adaptáveis (algumas pessoas diriam que somos menos)".[28] Dependendo das circunstâncias, os camundongos podem ser tão ferozes quanto os ratos, e sua mordida tão letal. A ilha Gough ou Gonçalo Álvares, localizada mais ou menos no meio do caminho entre a África e a América do Sul, abriga os últimos dois mil casais de albatrozes-de-tristão do mundo. Câmeras de vídeo instaladas na ilha registraram gangues de *Mus musculus* atacando e devorando filhotes vivos. "Trabalhar na Ilha Gonçalves Álvares equivale a trabalhar num centro traumatológico ornitológico", escreveu Alex Bond, biólogo conservacionista britânico.[29]

Durante as últimas décadas, a arma escolhida para combater os roedores invasivos foi o Brodifacoum, um anticoagulante que induz hemorragia interna e pode ser aplicado em iscas e depois colocado na comida, ou pode ser espalhado à mão ou jogado do ar. (Primeiro você transporta uma espécie mundo afora, depois a envenena usando helicópteros!) Desse modo, centenas de camundongos e ratos foram erradicados de ilhas inabitadas, e tais campanhas ajudaram a trazer de volta dezenas de espécies à beira da extinção, incluindo o marreco da ilha Campbell (*Anas nesiotis*), na Nova Zelândia, um patinho que não voa, e o piloto da Antigua (*Alsophis antiguae*), uma serpente acinzentada, comedora de lagartos.

O inconveniente do Brodifacoum, sob a perspectiva dos roedores, é bastante óbvio: a hemorragia interna leva à morte demorada e dolorosa. Sob a perspectiva dos ecologistas também há aspectos negativos. Animais que não são alvo do pesticida muitas vezes comem a isca ou devoram roedores que tenham comido o raticida, e o veneno se propaga pela cadeia alimentar. E se apenas uma rata prenhe sobreviver ao remédio, pode repovoar de imediato uma ilha.

Camundongos manipulados geneticamente nos livrariam desses problemas. Os impactos seriam direcionados. Fim do sangramento até a morte. E, talvez o melhor de tudo, roedores manipulados geneticamente poderiam ser soltos em ilhas habitadas, já que jogar anticoagulantes no ar é, com toda razão, malvisto.

Mas como costuma ser o caso, quando se resolve um problema, outro surge. No caso, problemas gigantescos. A tecnologia de manipulação genética foi comparada ao *ice-nine* de Kurt Vonnegut,[30] em que uma única gota seria capaz de congelar toda a água do mundo. Um único camundongo aniquilador-de-X solto poderia, teme-se, causar um efeito similar e aterrorizante — uma espécie de *mice-nine*.

Para evitar uma catástrofe vonnegutiana, vários mecanismos foram propostos, com nomes como "resgate assassino", "multivariedade de locus" e "guirlanda de margaridas".[31] Todos compartilham uma premissa básica, otimista: a de que deve ser possível arquitetar um gene condutor eficaz, mas não eficaz *demais*. Tal gene pode ser planejado de modo a se esgotar ao cabo de poucas gerações ou pode ser atrelado a uma variante limitada a uma única população numa única ilha. Também foi sugerido que caso um gene condutor conseguisse, de alguma forma, trapacear, que fosse possível despachar para o mundo outro gene condutor, apresentando uma sequência conhecida como CATCHA,[32] para caçá-lo. O que poderia dar errado?

• • •

Enquanto estava na Austrália, quis sair do laboratório e ir para o interior. Achei que seria divertido ver alguns quolls meridionais; nas fotos que tinha encontrado on-line eles eram lindinhos — pareciam texugos em miniatura. Mas, ao me informar, soube que localizá-los exigia muito mais competência e tempo do que eu dispunha. Seria mais fácil encontrar alguns dos anfíbios que andavam matando os membros da espécie. Então, certa noite fui com uma bióloga, Lin Schwarzkopf, caçar sapos.

Por acaso, Lin Schwarzkopf era uma das inventoras da armadilha Toadinator, e passamos por seu escritório, na Universidade James Cook, para dar uma olhada no dispositivo. Era uma gaiola mais ou menos do tamanho de uma torradeira, com uma porta flap de plástico. Quando Schwarzkopf ligou o alto-falante da armadilha, o escritório reverberou com o coaxar cadenciado de um sapo.

"Sapos machos são atraídos por qualquer som que lembre, mesmo remotamente, um sapo-boi", disse. "Se ouvem um gerador, partem para cima dele."

A Universidade James Cook fica ao norte de Queensland, região onde os sapos foram inicialmente introduzidos. Schwarzkopf imaginou que conseguiríamos localizar alguns naquela área da universidade. Eram umas nove horas da noite, e o lugar estava deserto, à exceção de nós duas e de uma família de cangurus pequenos, saltando. Perambulamos por um tempo, seguindo os feixes de luz de nossas lanternas de cabeça à procura do brilho de um olho malevolente. Quando comecei a desanimar, Schwarzkopf avistou um sapo num monte de folhas caídas. Ao apanhá-lo, identificou de imediato ser uma fêmea.

"Eles não machucam ninguém a não ser que o ameacem", disse apontando para as glândulas de veneno, que pareciam duas bolsas pesadas. "Por isso não se deve bater neles com tacos de golfe. Porque, caso atinja as glândulas, o veneno pode salpicar. E se entrar em contato com seus olhos, você fica cega por alguns dias."

Perambulamos mais um pouco. O tempo andava tão seco, observou Schwarzkopf, que na certa havia poucos espaços úmidos onde encontrá-los: "Eles adoram ar-condicionado — qualquer coisa que fique pingando." Perto de uma antiga estufa, onde alguém havia usado uma mangueira, encontramos mais dois sapos. Schwarzkopf virou um caixote apodrecido do tamanho e do formato de um caixão. "Descobrimos a mina de ouro!", anunciou. Em menos de um centímetro de água nojenta havia mais sapos-bois do que eu era capaz de contar. Alguns sentados em cima de outros. Achei que tentariam escapar; em vez disso, continuaram parados, imperturbáveis.

O mais forte argumento para a edição genética em sapos-bois, camundongos e ratos-pretos é também o mais simples: qual outra alternativa? Rejeitar tais tecnologias como antinaturais não trará a natureza de volta. A escolha não é entre o que era e o que é, mas entre o que é e o que será, o que, com frequência, significa nada. É essa a situação do peixinho-do-buraco-do-diabo, dos peixinhos de Shoshone e Pahrump, dos quolls meridionais, do marreco de Campbell e dos albatrozes-de-tristão. Limite-se à estrita interpretação do natural e essas — bem como milhares de outras espécies — já eram. A questão, a esta altura, não é saber se vamos alterar a natureza, mas com qual finalidade.

"Somos deuses e podemos ficar bons nisso", famosa máxima que Stewart Brand, editor do *Whole Earth Catalog*, escreveu no primeiro número, publicado em 1968. A frase fez sucesso. Recentemente, em resposta à transformação do mundo em curso, Brand aprimorou sua declaração: "Somos deuses e *temos* que ficar bons nisso." Brand é cofundador de um grupo, o Revive & Restore, cuja missão declarada é "aperfeiçoar a biodiversidade graças a novas técnicas de resgate genético".[33] Entre os projetos mais fantásticos apoiados pelo grupo consta a tentativa de ressuscitar o pombo-passageiro. A ideia é reverter a história modificando os genes do parente mais próximo do pássaro ainda vivo, a pomba-de-coleira-branca.

Mais chances de êxito tem a tentativa de recriar a castanheira americana. A árvore, comum no leste dos Estados Unidos, foi dizimada por uma praga. (A praga, um fungo patógeno introduzido no início do século XX, matou quase todas as castanheiras da América do Norte — cerca de quatro bilhões de árvores.) Pesquisadores da Faculdade de Ciências Ambientais e Florestais da Universidade Estadual de

Nova York, em Syracuse, criaram uma castanheira geneticamente modificada imune à praga. A chave para essa resistência é um gene importado do trigo. Graças a esse único gene emprestado, a árvore é considerada transgênica e sujeita à autorização federal. Em consequência, as mudas resistentes à praga estão, por enquanto, confinadas em estufas e terrenos cercados.

Como Tizard indica, a mudança de genes mundo afora é constante, em geral na forma de genomas inteiros. Foi assim que a praga da castanheira chegou à América do Norte — trazida em castanheiras asiáticas, importadas do Japão. Se podemos corrigir nosso trágico erro inicial alterando apenas um outro gene, não devemos isso à castanheira americana? A capacidade de "reescrever as moléculas da vida" nos coloca, se pode argumentar, diante de uma obrigação.

Claro, o argumento contra tal intervenção também é convincente. O raciocínio por trás do "resgate" genético é que ele pode ser responsável por muitos erros. (Veja, por exemplo, os sapos-bois e as carpas asiáticas.) A história das intervenções biológicas destinadas a corrigir intervenções biológicas prévias deve ser lida como aquele trecho de *O gatola da cartola tem de tudo na cachola*, do Dr. Seuss, quando mandam o gato limpar tudo depois de ter comido bolo na banheira:

> Você sabe como ele fez isso?
> COM O VESTIDO BRANCO DA MÃE!
> Agora o tubo estava limpo,
> Mas o vestido dela estava todo sujo![34]

Nos anos 1950, o Departamento de Agricultura do Havaí decidiu controlar os caramujos gigantes africanos, introduzidos duas décadas antes como ornamentos para jardins, importando a *Euglandina rosea*, também conhecida como caramujo-canibal. O problema é que os *Euglandina rosea* deixaram os caramujos gigantes na santa paz. Em vez disso, comeram as dúzias de espécies endêmicas de caramujos pequenos do Havaí, acarretando o que E. O. Wilson denominou de "extinção em avalanche".[35]

Em resposta a Brand, Wilson observou: "Não somos deuses. Ainda não somos sensíveis ou inteligentes o bastante para ser coisa alguma."[36]

Paul Kingsnorth, escritor e ativista britânico, definiu da seguinte maneira: "Somos deuses, mas falhamos em nos tornarmos bons nisso... Somos Loki, matamos o belo por puro prazer. Somos Saturno e devoramos os nossos filhos."[37]

Kingsnorth também observou: "Às vezes é melhor não fazer nada a fazer alguma coisa. Mas outras vezes é o contrário."

PARTE 3

NO AR

CAPÍTULO 1

ALGUNS ANOS ATRÁS, RECEBI POR E-MAIL UM ANÚNCIO DE UMA EMpresa que oferecia um novo serviço aos interessados em seu papel na destruição do planeta. Por determinado valor, a empresa, chamada Climeworks, varreria do ar as emissões de carbono dos assinantes. Então a empresa injetaria o CO2 uns oitocentos metros abaixo da superfície, onde o gás se transformaria em rocha.

"Por que transformar CO2 em rocha?", perguntava o e-mail. Porque a humanidade já emitiu tanto gás carbônico "que precisamos removê-lo da atmosfera para manter o aquecimento global em níveis seguros". Eu imediatamente me inscrevi, me tornando uma pretensa pioneira. Todo mês, a empresa enviava outro e-mail — "sua assinatura será renovada em breve e assim continuará a transformar as emissões de CO2 em pedra" — antes de cobrar o valor no meu cartão de crédito. Um ano depois, decidi ter chegado a hora de visitar minhas emissões, um deslocamento imprudente, devo confessar, que contribuiu para aumentar ainda mais as minhas emissões de carbono.

Apesar de a Climeworks ficar na Suíça, sua operação de transmutação de ar em rocha fica no sul da Islândia. Aluguei um carro em Reykjavík e segui para o leste pela Rota 1, a estrada que circunda o país. Uns dez minutos depois, já estava fora da cidade. Uns outros vinte minutos depois, tinha passado os subúrbios e já atravessava um antigo campo de lava.

A Islândia é, em essência, um campo de lava. Está localizada sobre a Cordilheira Meso-Atlântica e, com a expansão do Oceano Atlântico, é puxada em direções opostas. Percorrendo o país na diagonal há uma fenda ladeada por vulcões ativos. Fui encaminhada para um local perto da fenda — uma usina de energia geotérmica de trezentos megawatts, a Central Elétrica Hellisheiði. Ao chegar aos portões, o lugar inteiro parecia estar fumegando e o ar fedia a enxofre. A paisagem parecia ter sido asfaltada por gigantes e, em seguida, abandonada. Nenhuma árvore ou arbusto, só punhados de grama e musgo. E pedras pretas e quadradas em montes desordenados.

Logo um bonito carrinho cor de laranja apareceu. Dele saiu Edda Aradóttir, diretora executiva da Reykjavík Energy, proprietária da central elétrica. Edda é loura, usa óculos, tem o rosto redondo e cabelos compridos, naquele dia presos. Ela me entregou um capacete e colocou o seu.

No que diz respeito às centrais elétricas, as usinas geotermais são "limpas". Em vez de usar combustíveis fósseis para gerar energia, recorrem ao vapor ou à água superaquecida extraída dos subterrâneos, motivo pelo qual costumam ser construídas em áreas com vulcões ativos. Ainda assim, explicou Edda, elas também produzem emissões. Com a água superaquecida, é inevitável o surgimento de gases indesejados, como o sulfato de hidrogênio (responsável pelo fedor) e o dióxido de carbono. Sem dúvida, na era pré-Antropoceno, vulcões eram a principal fonte de CO2 na atmosfera.

Há cerca de uma década, a Reykjavík Energy inventou um plano para tornar sua energia limpa ainda mais limpa. Em vez de permitir que o CO2 escape para o ar, a Hellisheiði capturaria o gás e o dissolveria em água. Então a mistura — basicamente, um club soda de alta pressão — seria injetada de volta no subsolo. Cálculos realizados por Edda Aradóttir e outros sugeriram que, na profundeza da terra, o CO2 interagiria com a rocha vulcânica e se mineralizaria.

"Sabemos que rochas armazenam CO2", disse. "Na verdade, são um dos maiores reservatórios de carvão da terra. A ideia é imitar e acelerar esse processo para combater a mudança climática global."

Edda Aradóttir abriu o portão e entramos, no carrinho laranja, na parte dos fundos da central elétrica. Era um dia de vento no final da primavera, e o vapor que saía das tubulações e das torres de resfriamento parecia incapaz de decidir para que lado soprar. Paramos em um anexo com um grande painel de metal ligado a uma estrutura semelhante a uma estação de lançamento de foguetes. Uma placa no prédio dizia: *Steinrunnið gróðurhúsaloft*, que foi traduzido como "Estufa de gás petrificado". Edda explicou que o local de lançamento de foguetes era onde o CO2 da central elétrica era separado dos outros gases geotérmicos e preparado para ser injetado. Seguimos de carro e logo adiante chegamos ao que parecia um gigantesco aparelho de ar-condicionado enfiado num contêiner. Uma placa no contêiner dizia: *Úr lausa lofti*, ou "ar rarefeito".

Aquela, explicou, era a máquina da Climeworks que limpava minhas emissões — na verdade, apenas uma fração de minhas emissões — da atmosfera. A máquina, em termos formais uma unidade de captura de ar, de repente começou a zunir. "Nossa, o ciclo começou agora", disse. "Sorte nossa!"

"No início do ciclo, o equipamento suga o ar", prosseguiu. "O CO2 adere a produtos químicos específicos dentro da unidade de captura. Aquecemos os produtos químicos e assim expelimos o CO2." Esse CO2 — o CO2 da Climeworks — é então acrescentado à mistura de club soda da central elétrica a caminho do local onde se dá a injeção.

Mesmo sem nenhuma ajuda, a maioria do dióxido de carbono emitido por humanos acabaria transformada em pedra, por meio de um processo natural conhecido como intemperismo químico. Mas "acabaria" nesse caso significa dentro de centenas de milhares de anos, e quem tem tempo para esperar pela natureza? Em Hellisheiði, Edda

Aradóttir e os colegas aceleravam as reações químicas em várias ordens de magnitude. Um processo que levaria em geral milênios para se desenvolver era reduzido a uma questão de meses.

Aradóttir levara um núcleo de pedra para me mostrar o resultado final. O núcleo, de mais ou menos meio metro de comprimento e cinco centímetros de diâmetro, era da cor dos campos de lava de vulcões. Mas a pedra preta — basalto — era salpicada de buraquinhos, e estes estavam cheios do mesmo mineral branco segregado por corais — carbonato de cálcio. Os depósitos brancos representavam, se não as minhas emissões, ao menos as de outra pessoa.

Núcleo de basalto com manchas de carbonato de cálcio.

Quando, exatamente, o ser humano começou a alterar a atmosfera dá margem a discussões. Segundo uma das teorias, o processo começou oito ou nove mil anos atrás, antes do alvorecer dos registros históricos, quando o trigo passou a ser cultivado no Oriente Médio e o arroz, na Ásia. Os primeiros agricultores começaram a limpar o terreno a fim de plantar, e à medida que derrubavam e ateavam fogo nas florestas, liberavam dióxido de carbono. As quantidades envolvidas eram comparativamente pequenas, mas de acordo com defensores dessa teoria, conhecida como "hipótese inicial do Antropoceno", o impacto foi fortuito. Graças aos ciclos naturais, os níveis de oxigênio deveriam estar decrescentes durante esse período. A intervenção humana os manteve mais ou menos constantes.

"O início da transição do controle do clima pela natureza para o controle pelos humanos ocorreu muitos milhares de anos atrás", escreveu William Ruddiman, professor emérito da Universidade de Virginia e o mais proeminente defensor de uma "era inicial do Antropoceno".[1]

De acordo com um outro ponto de vista mais difundido, a transição só começou de fato no final do século XVIII, depois que o engenheiro escocês James Watt projetou um novo tipo de máquina a vapor. A máquina de Watt, costumam dizer, em termos anacrônicos, foi "o pontapé inicial" para a Revolução Industrial. Quando a energia hidráulica deu lugar à energia a vapor, as emissões de oxigênio começaram a aumentar, a princípio de modo lento e, em seguida, vertiginoso. Em 1776, no primeiro ano em que Watt patenteou sua invenção, os humanos emitiram cerca de quinze milhões de toneladas de CO2.[2] Em 1800, o número tinha crescido para trinta milhões de toneladas. Em 1850, crescera para duzentos milhões de toneladas por ano e em 1900 para quase dois bilhões. Hoje, emitimos aproximadamente quarenta bilhões de toneladas por ano. Nós alteramos tanto a atmosfera que uma em cada três moléculas de CO2 presentes no ar hoje foi colocada lá pelo ser humano.

Devido a essa intervenção, desde a época de Watt, as temperaturas médias globais aumentaram 1,1°C (2°F). Isso acarretou uma grande diversidade de crescentes consequências lamentáveis. As estiagens estão aumentando,[3] as tempestades se tornam mais intensas,[4] e as ondas de calor, mais letais. Os períodos de queimadas estão se alongando e os incêndios se intensificando.[5] O índice relativo ao aumento do nível do mar está acelerando. Estudo recente publicado na revista *Nature* relatou que, desde os anos 1990, o degelo na Antártida triplicou.[6] Outro estudo recente previu que em poucas décadas a maioria dos atóis serão inabitáveis;[7] isso inclui nações inteiras, como as Maldivas e as Ilhas Marshall. Parafraseando J. R. McNeill, que por sua vez parafraseou Marx, "os homens fazem sua própria biosfera, mas não a fazem como querem".

Ninguém pode dizer com exatidão o quanto o mundo pode aquecer antes de o desastre completo — a inundação de um país populoso como Bangladesh, digamos, ou o colapso de ecossistemas cruciais como os recifes de coral — tornar-se inevitável. Em termos oficiais, o limiar da catástrofe seria o aumento médio da temperatura global em 2°C (3,6°F).[8] Praticamente todas as nações concordaram com esse número durante a Conferência das Nações Unidas sobre as mudanças climáticas realizada em Cancún, em 2010.

Em 2015, nas negociações em Paris, os líderes mundiais mudaram de ideia. Decidiram que o limite de 2°C era alto demais. Os signatários do Acordo de Paris comprometeram-se a "manter o aumento da temperatura média global bem abaixo de 2°C, e envidar esforços a fim de limitar o aumento da temperatura a 1,5°C".[9]

Em ambos os casos, a matemática é uma punição. Para permanecer abaixo dos 2°C, as emissões globais teriam que cair para quase zero durante várias décadas. Para atingir 1,5°C, teriam que cair para quase zero em apenas uma década. Isso implicaria, para começo de conversa, reformular os sistemas de agricultura, transformar as indústrias, eliminar veículos movidos a gasolina e a diesel e substituir a maioria das centrais elétricas do mundo.

A remoção do dióxido de carbono fornece uma alternativa para mudar a matemática. Remova grandes quantidades de CO2 da atmosfera e "emissões negativas" podem, em teoria, equilibrar as emissões positivas. Talvez seja até plausível ultrapassar o limiar da catástrofe e depois retirar suficiente carbono do ar para manter a calamidade sob controle, uma situação que passou a ser conhecida como "overshoot" ou sobrecarga.

Se é possível atribuir a alguém a invenção das "emissões negativas", esse alguém é Klaus Lackner, físico nascido na Alemanha. Lackner, agora com sessenta e muitos anos, é um homem elegante de olhos escuros e testa proeminente. Trabalha na Universidade Estadual do Arizona, em Tempe, e o encontrei um dia em seu escritório lá. Na sala quase vazia, à exceção de algumas caricaturas da *The New Yorker* relativas ao mundo nerd que, ele me contou, sua mulher tinha recortado para ele. Numa das caricaturas, dois cientistas parados em frente a um enorme quadro coberto de equações. "O cálculo está correto", diz o primeiro cientista. "Mas é de péssimo gosto."

Lackner morou nos Estados Unidos a maior parte de sua vida adulta. No final dos anos 1970, mudou-se para Pasadena para estudar com George Zweig, um dos descobridores dos quarks, e, alguns anos depois, transferiu-se para o Los Alamos National Laboratory, para pesquisar fusões. "Alguns dos trabalhos eram sigilosos", contou, "e outros, não".

As fusões são os processos que alimentam as estrelas, e mais perto de nós, as bombas termonucleares. Quando Lackner trabalhava em Los Alamos, a fusão era apontada como a fonte de energia do futuro. Um reator de fusão podia gerar essencialmente ilimitadas quantidades de energia livre de carbono a partir de isótopos de hidrogênio. Lackner ficou convencido de que um reator de fusão estava a, no mínimo, décadas de distância. Décadas depois, o consenso geral é de que um reator funcional ainda está a décadas de distância.

"Eu me dei conta, provavelmente antes da maioria dos meus colegas, que as reivindicações do fim dos combustíveis fósseis eram exageradas demais", me disse Lackner.

Certa noite, no início dos anos 1990, Lackner tomava cerveja com um amigo, Christopher Wendt, também físico. Os dois começaram a se questionar o motivo, como Lackner me explicou, "de ninguém mais andar fazendo coisas importantes, loucas de verdade". Isso levou a mais perguntas e mais conversas (e, é possível, a mais cervejas também).

Os dois tiveram a própria ideia "louca, importante" que, eles decidiram, não era assim tão louca. Poucos anos depois da conversa inicial, finalizaram um trabalho cheio de fórmulas no qual discutiam se máquinas autorreplicantes poderiam atender às necessidades de energia do mundo e ao mesmo tempo acabar com os problemas criados pelos humanos ao queimarem combustíveis fósseis. Deram à máquina o nome de "auxons", do grego αυξάνω, que significa crescer. As auxons seriam alimentadas por painéis solares e, à medida que se multiplicassem produziriam mais painéis solares, criados com o uso de elementos como silicone e alumínio, encontrados no lixo comum. Um conjunto expandido de painéis produziria ainda mais energia, a um ritmo que aumentaria em termos exponenciais. Uma estrutura cobrindo 999.735 quilômetros quadrados, área do tamanho da Nigéria, mas, como Lackner e Wendt observaram, "menor do que muitos desertos",[10] podia atender a toda a demanda de energia global repetidas vezes.

Essa mesma estrutura também poderia ser usada para varrer carbono. Um campo do tamanho da Nigéria seria, calcularam, suficiente para remover da atmosfera todo o CO2 emitido por humanos até aquele momento. No projeto ideal, o CO2 seria transformado em rocha, de um jeito bem parecido com o utilizado em minhas emissões na Islândia. Só que em vez de pequenas manchas de carbonato de cálcio, países inteiros seriam beneficiados — material suficiente para cobrir a Venezuela com uma camada de meio metro de profundidade. (Para onde iria essa rocha, nenhum dos dois especificou.)

Anos se passaram. Lackner deixou de lado a ideia do auxon. Mas estava cada vez mais interessado pelas emissões negativas.

"Às vezes aprendemos muito quando imaginamos um parâmetro extremo", me disse. Começou a dar palestras e a escrever artigos sobre o assunto. A humanidade, disse, precisaria encontraria uma forma de tirar o carbono do ar. Alguns de seus colegas cientistas acharam que ele estava maluco; outros, que era um visionário. "Na verdade, Klaus é um gênio", me disse Julio Friedmann, ex-subsecretário do Departamento de Energia, que hoje trabalha na Universidade de Columbia.

Em meados dos anos 2000, Lackner apresentou um plano que visava desenvolver uma tecnologia capaz de sugar carbono da atmosfera para Gary Comer, um dos fundadores da Lands' End. Comer levou para a reunião seu consultor de investimentos, que ironizou dizendo que Lackner não buscava capital de risco, mas "capital arriscado".[11] Entretanto, Comer investiu cinco milhões de dólares. A empresa fabricou um protótipo pequeno, mas enquanto buscava novos investidores, a crise financeira de 2008 chegou.

"Nosso timing foi excelente", me contou Lackner. Incapaz de levantar mais fundos, a empresa faliu. Enquanto isso, o consumo de fóssil continuou a crescer e em consequência, os níveis de CO2 também. Lackner chegou a acreditar que, involuntariamente, a humanidade já se comprometera à supressão do dióxido de carbono.

"Acho que estamos numa situação bastante desconfortável", me contou. "Diria que se as tecnologias para tirar CO_2 do meio ambiente falharem, estamos metidos numa tremenda confusão."

Lackner fundou o Centro para Emissão de Carbono Negativo na Universidade Estadual do Arizona em 2014. Quase todo o equipamento com que sonha está reunido numa oficina a poucas quadras de seu escritório. Depois de conversarmos um tempo, fomos a pé para lá.

Na oficina, um engenheiro estava ajustando o que parecia o estofo de um sofá-cama. Onde na versão para sala de estar deveria haver um colchão, naquela havia uma complicada estrutura de tiras de plástico. Espalhado em cada fita, um pó, resultante de milhares e milhares de pequeninas contas cor de âmbar trituradas. As contas, explicou Lackner, eram feitas de uma resina comumente usada para o tratamento de água e podiam ser compradas aos montes. Uma vez seco, o pó das contas absorvia dióxido de carbono. Quando molhado, o liberava. A ideia por trás da estrutura de sofá-cama era expor as fitas ao ar seco do Arizona, depois guardar o dispositivo dentro de um contêiner lacrado cheio de água. O CO_2 capturado na fase seca seria liberado na fase úmida; poderia então ser canalizado para fora do contêiner e o processo seria reiniciado, ou seja, o sofá-cama abriria e fecharia sem parar.

Lackner contou ter calculado que um aparato do tamanho de um trailer pequeno poderia remover uma tonelada de dióxido de carbono por dia, ou 365 toneladas por ano. Como as emissões globais estão em torno de quarenta bilhões de toneladas por ano, observou, "se construirmos cem milhões de unidades do tamanho de um trailer", poderíamos mais ou menos manter o ritmo. Ele admitiu que a quantidade mencionada — cem milhões — soa amedrontadora. Mas, observou, o iPhone surgiu por volta de 2007, e agora tem quase um bilhão de aparelhos em uso. "Ainda estamos no comecinho desse jogo", disse.

Da maneira como Lackner encara as coisas, o segredo para evitar "a tremenda confusão" é pensar diferente. "Precisamos mudar o paradigma", disse. Em sua opinião, o dióxido de carbono devia ser visto da mesma forma como vemos o esgoto. Não esperamos que parem de produzir lixo. "Recompensar as pessoas por irem menos ao banheiro não faria o menor sentido",[12] observou. Ao mesmo tempo, não deixamos que façam cocô na calçada. Uma das razões pelas quais temos tanta dificuldade em combater o problema do carbono, ele sustenta, é que o assunto adquiriu contornos éticos. Na medida em que as emissões são consideradas ruins, os emissores se tornam culpados.

"Essa postura moral transforma praticamente todos em pecadores e os preocupados com as mudanças climáticas em hipócritas, pois usufruem dos benefícios da modernidade",[13] escreveu. Mudar o paradigma, ele acredita, mudaria o rumo da conversa. Sim, as pessoas alteraram de modo radical a atmosfera. E, sim, é provável que isso leve a consequências abomináveis. Mas as pessoas são engenhosas. Têm ideias loucas, importantes, e às vezes elas de fato funcionam.

Durante os primeiros meses de 2020, ocorreu um experimento não supervisionado de grandes proporções. Quando o coronavírus se alastrou, bilhões de pessoas foram obrigadas a ficar em casa. Segundo estimativas, no auge das medidas de *lockdown*, em abril, as emissões globais de dióxido de carbono sofreram redução de 17% em comparação com o ano anterior no mesmo período.[14]

Essa queda — jamais registrada — foi imediatamente seguida por uma nova alta. Em maio de 2020, a concentração de dióxido de carbono na atmosfera atingiu o recorde de 417,1 partes por milhão.

A diminuição das emissões e o aumento das concentrações atmosféricas indicam uma constatação teimosa acerca do dióxido de carbono: uma vez no ar, permanece no ar. Por quanto tempo, com exatidão, é uma questão complicada;[15] para todos os efeitos, contudo, as emissões de CO2 são cumulativas. A comparação feita com frequência é com uma banheira. Enquanto a torneira está aberta, uma banheira continua a encher. Diminua a água da torneira, e a banheira continuará enchendo, só que mais devagar.

Para continuar usando a analogia, poderíamos dizer que a banheira de 2°C está atingindo sua capacidade e que a banheira de 1,5°C está quase transbordando. Por isso a matemática do carbono é tão difícil. Cortar emissões é ao mesmo tempo absolutamente essencial e insatisfatório. Se reduzíssemos as emissões pela metade — um passo que implicaria na reconstrução de grande parte da infraestrutura do mundo — os níveis de oxigênio não cairiam; apenas aumentariam com menos rapidez.

E há ainda a questão da equidade. Levando em conta que as emissões de carbono são cumulativas, os que mais emitiram ao longo do tempo devem ser considerados os maiores culpados. Com apenas 4% da população mundial, os Estados Unidos são responsáveis por quase 30% das emissões agregadas.[16] Os países da União Europeia, com 7% da população do planeta, produziram cerca de 22% de emissões agregadas. Quanto à China, que abriga aproximadamente 18% da população do globo, a taxa é de 13%. A Índia, cotada para em breve superar a China na posição de nação mais populosa do mundo, é responsável por cerca de 3% das emissões. Todas as nações da África e da América do Sul juntas são responsáveis por menos de 6%.

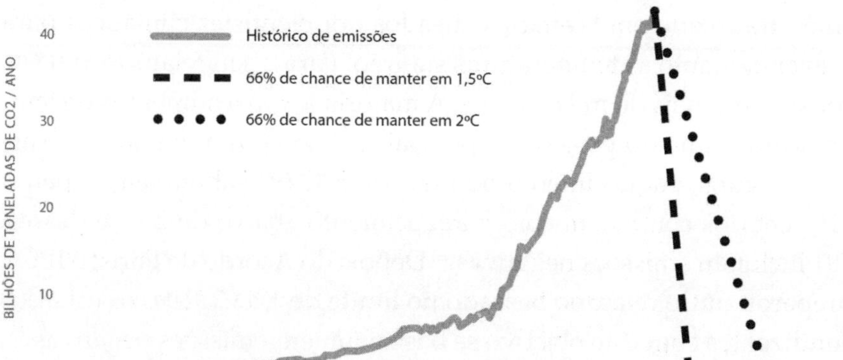

Para que o mundo tivesse uma chance em três de permanecer abaixo de 2°C sem a remoção de dióxido de carbono, as emissões de CO_2 teriam que chegar a zero nas próximas décadas. Para ficar abaixo de 1,5°C, as emissões teriam que cair muito mais rápido.

Para chegar a zero, todos teriam que cessar as emissões de carbono — não apenas os norte-americanos e europeus, mas também os indianos, os africanos e os sul-americanos. Mas pedir a países que quase não contribuíram para a crise que bloqueiem a emissão, pois outros países já produziram muito, mas muito além do que deveriam, é terrivelmente injusto. Bem como insustentável em termos geopolíticos. Por esse motivo, acordos internacionais relativos ao clima sempre foram baseados na premissa de "responsabilidade comum, mas diferenciada". No Acordo de Paris, os países desenvolvidos devem "liderar a redução das metas a serem alcançadas para diminuir a emissão de gases de efeito estufa", enquanto os países em desenvolvimento são solicitados, de modo mais vago, a aumentar os "esforços de mitigação".

Tudo isso torna as emissões negativas — como ideia, pelo menos — irresistíveis. Até que ponto a humanidade já conta com isso é ilustrado pelo último relatório do Painel Intergovernamental sobre Mudanças Climáticas, publicado na corrida para o Acordo de Paris. Para espiar o futuro o IPCC se baseia em modelos feitos por computador que representam os sistemas econômicos e energéticos do mundo como um emaranhado de equações. O resultado desses modelos é então traduzido em "cenários" usados por cientistas climáticos para prever o quanto as temperaturas subirão. Para o seu relatório, o IPCC considerou mais de mil cenários. A maioria levou a aumentos de temperatura acima do prognóstico oficial, 2°C, ou o limite para o desastre, e alguns a aquecimento de mais de 5°C (9° Fahrenheit). Apenas 116 cenários condiziam com o aquecimento abaixo de 2°C, e desses, 101 incluíam emissões negativas.[17] Depois do Acordo de Paris, o IPCC preparou outro relatório baseado no limite de 1,5°C. *Todos* os cenários condizentes com este objetivo se baseavam em emissões negativas.[18]

"Acho que a mensagem do IPCC é 'tentamos um monte de cenários'", me contou Klaus Lackner. "E dos cenários que ficaram seguros, todos, sem exceção, precisaram de algum toque mágico das emissões negativas. Se não fizermos isso, vamos bater numa parede de tijolos."

• • •

A Climeworks, a empresa a quem paguei para enterrar minhas emissões na Islândia, foi fundada por dois amigos, Christoph Gebald e Jan Wurzbacher. "Nós nos conhecemos no primeiro dia de faculdade", lembra Wurzbacher. "Acho que na primeira semana, perguntamos um ao outro, 'E aí, o que você quer fazer?' e eu respondi, 'Quero fundar uma empresa.'" A dupla acabou dividindo uma bolsa de pós-graduação; os dois trabalhavam meio período no Ph.D. e a outra metade do tempo se dedicando a fazer a empresa decolar.

Como Lackner, a princípio os dois enfrentaram muito ceticismo. O que a dupla tentava fazer, diziam para eles, era loucura. Se as pessoas vislumbrassem a possibilidade de existir um jeito de absorver CO2 da atmosfera, acabariam emitindo ainda mais CO2. "As pessoas brigavam conosco, diziam, 'Caras, parem com isso'", me contou Wurzbacher. "Mas sempre fomos teimosos."

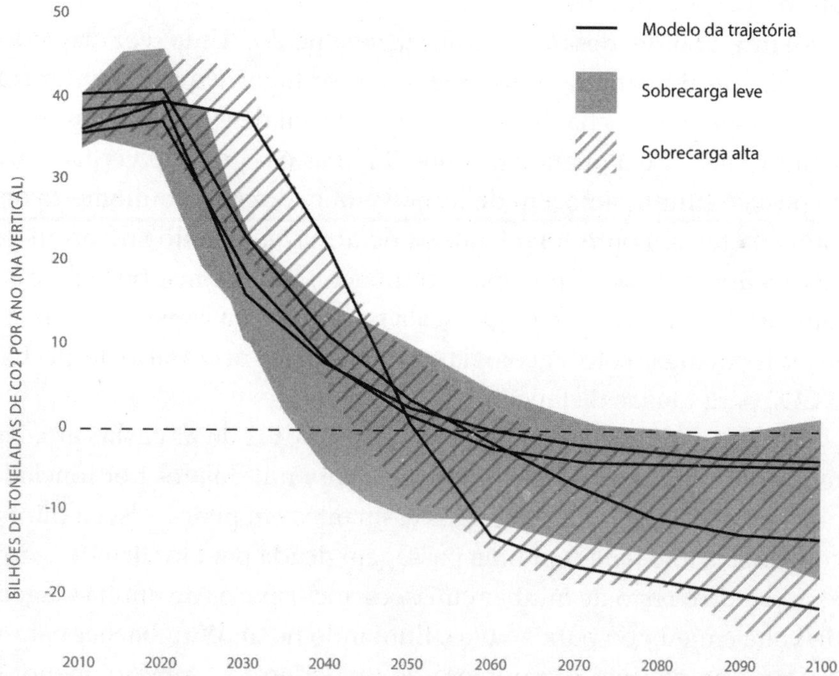

Quatro das "trajetórias consistentes para 1,5 °C" do IPCC. Todas elas exigem emissões negativas e resultam em "sobrecarga".

Wurzbacher, agora com trinta e poucos anos, é macérrimo, com um corte do cabelo escuro de menino. Encontrei-o na sede da Climeworks em Zurique, onde ficam tanto os escritórios da empresa quanto sua oficina de metal. O lugar é uma mistura de clima de startup de tecnologia como de loja de bicicleta.

"Extrair CO2 do ar não é um bicho de sete cabeças", contou Wurzbacher. "Mas também não é novidade. As pessoas vêm filtrando CO2 do ar no decorrer dos últimos cinquenta anos, mas para outros fins." Em submarinos, por exemplo, o dióxido de carbono que a tripulação expira tem de ser retirado do ar, caso contrário atinge níveis perigosos.

Porém uma coisa é conseguir extrair dióxido de carbono do ar, e outra bem diferente é ser capaz de conseguir isso em grande escala. Queimar combustíveis fósseis gera energia. Capturar CO2 do ar exige energia na forma de calor ou eletricidade ou ambos. Enquanto essa energia vier da queima de combustíveis fósseis, maior a quantidade de carbono a ser capturada.

Outro grande desafio é o armazenamento. Uma vez captado, o CO2 tem de ir para algum lugar, e esse lugar tem de ser seguro. "A vantagem da rocha de basalto é que é fácil de explicar", observou Wurzbacher. "Se alguém pergunta, 'Ei, mas é seguro de verdade?', a resposta é simplíssima: em dois anos vira pedra a um quilômetro debaixo da terra. Ponto final." Locais de armazenamento subterrâneos adequados não são raros, mas tampouco são comuns, ou seja, caso fábricas de captação em larga escala sejam um dia construídas, terão de ficar em lugar com a geologia correta, ou será necessário despachar o CO2 para longas distâncias.

Por fim, vem a questão do custo. Extrair CO2 do ar custa caro. No momento, muito caro. A Climeworks cobra mil dólares por tonelada para transformar as emissões dos assinantes em pedra. Usei a minha cota de seis toneladas em uma passagem de ida para Reykjavík,[19] deixando todo o resto de minhas emissões, inclusive os de minha viagem de volta e meu voo para a Suíça, flutuando no ar. Wurzbacher garantiu que, quanto maior o número de unidades de captação, menor o preço; dentro de uma mais ou menos uma década, previu, cairia para cerca de 100 dólares por tonelada de carbono. Se as emissões fossem tributadas a uma taxa comparável, então a matemática poderia funcionar: uma tonelada extraída seria basicamente uma tonelada isenta de taxa. Mas quem vai gastar isso quando o carbono ainda pode ser jogado no ar de graça? Mesmo a 100 dólares por tonelada, enterrar um bilhão de toneladas de carvão — uma pequena porcentagem do volume anual no mundo — chegaria a 100 bilhões de dólares.*

"Talvez seja cedo demais", ponderou Wurzbacher, quando perguntei se o mundo estava preparado para pagar pela captação direta de ar. "Talvez seja a hora certa. Talvez seja tarde demais. Ninguém sabe."

Assim como há vários meios de acrescentar CO2 ao ar, há vários meios — em termos potenciais — de removê-lo.

Uma das técnicas, conhecida como "intemperismo aprimorado", é uma espécie de versão inversa do projeto que visitei na central de Hellisheiði. Em vez de injetar CO2 dentro da rocha, a ideia é trazer a rocha para a superfície para então encontrar o CO2. O basalto poderia ser extraído, triturado e depois espalhado nas terras agrícolas em locais quentes e úmidos mundo afora. A pedra triturada reagiria com o CO2, extraindo-o do ar. Como alternativa foi proposto que a olivina, um mineral esverdeado comum em rochas vulcânicas, poderia ser moída e dissolvida nos oceanos. Isso induziria os mares a absorver mais CO2, e, como benefício adicional, combateria a acidificação dos oceanos.

Outra família de tecnologias para emissões negativas, ou NETs, se baseia na biologia. Plantas absorvem dióxido de carbono enquanto

---

* Existem duas maneiras de medir as quantidades de CO2: contabilizando o peso total do dióxido de carbono ou apenas o peso do carbono. Neste capítulo, geralmente estou usando a primeira medida, como a Climeworks, mas muitas publicações científicas usam a última. Eu tentei distinguir os dois me referindo a uma "tonelada de dióxido de carbono" quando quero dizer o peso total e uma "tonelada de carbono" quando me refiro à alternativa. Uma tonelada de dióxido de carbono se traduz em cerca de um quarto de tonelada de carbono; assim, as emissões globais anuais são de cerca de quarenta bilhões de toneladas de CO2 ou dez bilhões de toneladas de carbono.

crescem; depois, ao apodrecerem, devolvem o CO2 ao ar. Plante uma nova floresta e ela absorverá carbono até atingir a maturidade. Um recente estudo feito por pesquisadores suíços estima que plantar um trilhão de árvores poderia remover duzentos bilhões de toneladas de carbono da atmosfera nas próximas décadas.[20] Outros pesquisadores argumentaram que esse número é superestimado em dez ou até mais vezes.[21] Entretanto, observaram, a capacidade de novas florestas sequestrarem carbono "ainda era significativa".[22]

Para lidar com o problema do apodrecimento, vários tipos de técnicas de preservação foram propostos. Uma delas implica cortar árvores maduras e enterrá-las em valas subterrâneas;[23] sem oxigênio, a decomposição das árvores — e a liberação de CO2 — seria evitada. Outro projeto visa coletar resíduos de plantações,[24] tais como espigas de milho, e jogá-los no fundo do oceano; nas profundezas escuras e frias, o material iria se decompor de modo bastante gradual ou quem sabe até não se decomporia. Por mais estranhas que pareçam, essas ideias também se inspiram na natureza. No período Carbonífero, grandes quantidades de plantas foram enterradas ou submersas antes de poderem se decompor, o que acabou resultando no carvão, que, caso fosse deixado em paz, teria retido seu carbono mais ou menos para sempre.

A reflorestação, quando combinada com a injeção subterrânea de CO2, produz uma técnica que passou a ser conhecida como BECCS, sigla em inglês para "Biomassa com Captação e Estocagem de Carvão". Os modelos empregados pelo IPCC são extremamente parciais em relação ao BECCS, que oferece emissões negativas e energia elétrica ao mesmo tempo — tipo chupar cana e assoviar ao mesmo tempo que, em termos da matemática aplicada ao clima, é dura de vencer.

A ideia do BECCS é plantar árvores (ou algum outro vegetal) que possam extrair carbono do ar. As árvores então são queimadas para gerar energia e o oxigênio resultante seria capturado na usina de energia e enterrado. (O primeiro projeto piloto do BECCS no mundo foi lançado em 2019, numa usina no norte da Inglaterra, que descarta restos de madeira.)

Com todas essas alternativas, o desafio é o mesmo que na captação de ar direto: a escala. Ning Zeng é professor da Universidade de Maryland, e autor do conceito "colheita e armazenamento de madeira". Segundo seus cálculos, para sequestrar cinco bilhões de toneladas de carvão por ano, dez milhões de trincheiras com árvores enterradas, cada uma do tamanho de uma piscina olímpica, seriam necessárias. "Presumindo-se que seja necessária uma equipe de dez pessoas (com maquinário) durante uma semana para cavar uma trincheira",[25] escreveu, "duzentas mil equipes (dois milhões de trabalhadores) e conjuntos de máquinas seriam necessários".

De acordo com estudo recente de uma equipe de cientistas alemães, para remover um bilhão de toneladas de oxigênio por meio do "intemperismo aprimorado", aproximadamente três bilhões de toneladas de basalto teriam de ser extraídas, trituradas e transportadas. "Ainda que essa quantidade de rochas para extrair, triturar e transportar seja enorme", observaram os autores, é menor do que a produção de carvão global, que totaliza cerca de oito bilhões de toneladas por ano.[26]

Para o projeto de um trilhão de árvores, algo da ordem de nove milhões de quilômetros quadrados de florestas novas seriam necessárias. Esta quantidade representa mais ou menos o tamanho dos Estados Unidos, incluindo o Alasca. Tire essa quantidade de terra agrícola da produção e milhões de pessoas podem vir a morrer de fome. (Como disse recentemente Olúfẹ́mi O. Táíwò, professor em Georgetown, existe o risco de dar "dois passos para trás em termos de justiça para cada passo gigaton adiante".)[27] Contudo, não se pode afirmar que usar terra não cultivada seria mais seguro. Árvores são escuras, então caso, digamos, tundras fossem transformadas em florestas, isso aumentaria a quantidade de energia absorvida pela terra, contribuindo, portanto, para o aquecimento global e derrubando o objetivo. Uma alternativa para resolver o problema seria criar geneticamente árvores de cores mais claras usando o CRISPR. Pelo que sei, ninguém ainda propôs essa solução, mas me parece ser apenas questão de tempo.

• • •

Poucos anos antes de a Climeworks lançar seu programa "pioneiro" na Islândia, a empresa abriu sua primeira operação de captação direta de ar, em cima de um incinerador de lixo na Suíça. "A Climeworks faz história", declarou a empresa.

Numa tarde, enquanto estava em Zurique, fui visitar a operação "que fez história" com a gerente de comunicação da empresa, Louise Charles. Tomamos um trem e em seguida um ônibus para a cidade de Hinwil, a uns trinta quilômetros a sudeste da cidade. Enquanto caminhávamos pela estrada de acesso ao incinerador, um prédio como uma imensa caixa com uma chaminé listrada como um pirulito, um caminhão passou cheio de lixo. No hall de entrada, paramos para admirar uma série de obras de arte também feitas com lixo. Vários homens sentados diante de monitores de vídeo exibiam mais lixo. Assinamos o registro de visitantes e pegamos um elevador de carga para o último andar.

No teto do incinerador, dezoito unidades de captação iguais às da usina de Hellisheiði, mas arrumadas em três fileiras, amontoadas uma em cima da outra, como blocos de brinquedo de criança. Uma placa de metal, destinada a grupos de alunos, explicava a operação da Climeworks com a ajuda de fotos. Mostrava um caminhão de lixo levado até o incinerador, pintado com pequenas chamas dentro. Um tubo, com a inscrição "aquecimento do lixo" ia das chamas à chaminé das unidades de captação. (Usar o calor residual do incinerador permite que a Climeworks evite a armadilha do "emitir-para-captar-emissões".) Um segundo tubo, com a identificação CO2 concentrado, conduzia das unidades a uma estufa cheia de vegetais flutuantes.

Do teto, eu podia avistar a distância as estufas para onde o CO2 era conduzido. Louise tinha organizado um tour também às estufas, mas, recém-operada do joelho, ela ainda sentia dor e fui sozinha. Na entrada, Paul Ruser, o gerente do complexo, se encontrava à minha espera. Sem Louise para traduzir, tivemos que nos virar com uma mistureba de inglês e alemão.

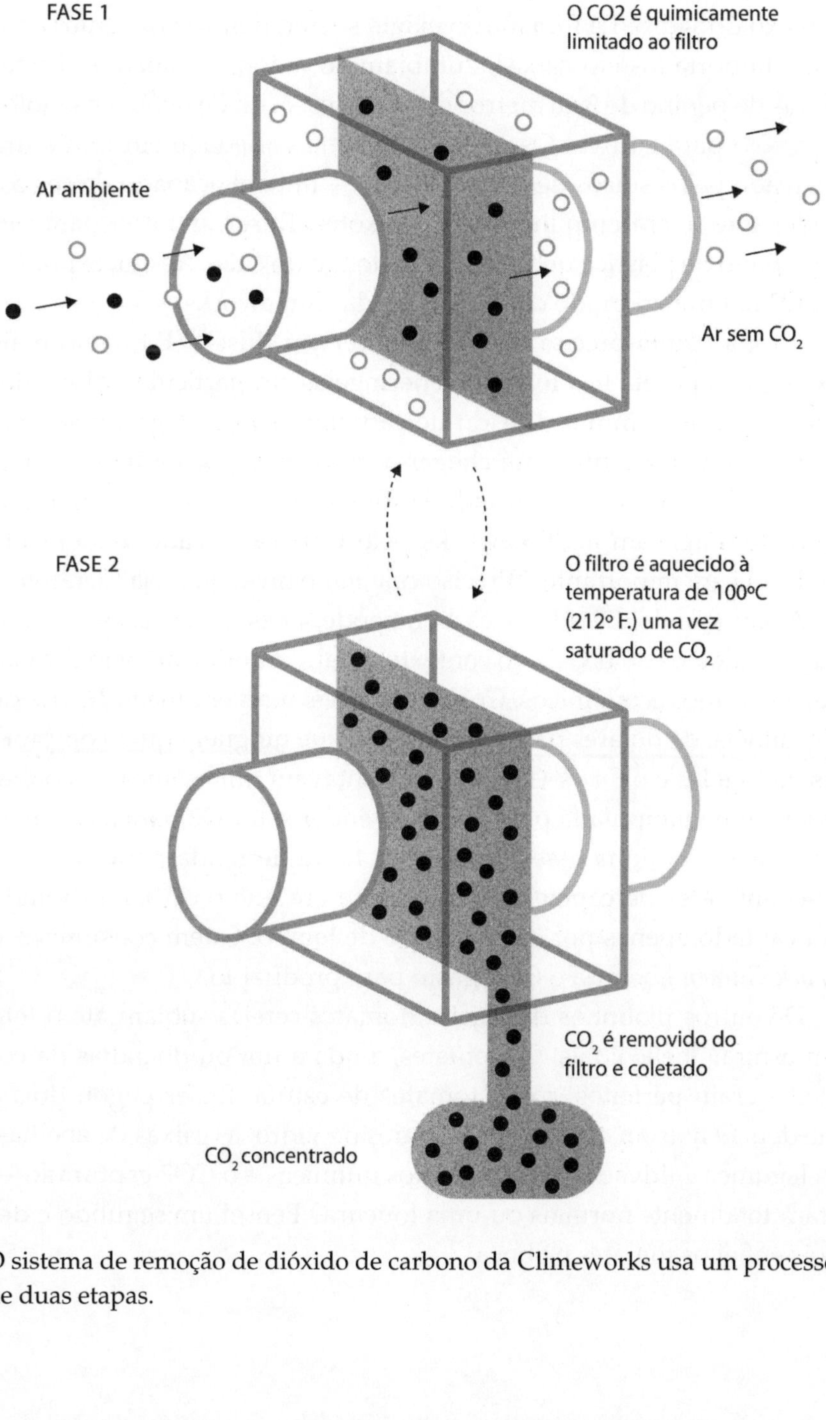
FASE 1
O CO2 é quimicamente limitado ao filtro
Ar ambiente
Ar sem CO_2
FASE 2
O filtro é aquecido à temperatura de 100ºC (212º F.) uma vez saturado de CO_2
CO_2 é removido do filtro e coletado
CO_2 concentrado

O sistema de remoção de dióxido de carbono da Climeworks usa um processo de duas etapas.

Ruser me contou — quer dizer, acho que me contou — que as estufas cobriam uma área de cerca de 4,5 hectares: uma fazenda inteira, debaixo do vidro. Lá fora, o frio exigia suéter; dentro era verão. Zangões, importados em caixas, zumbiam ao redor, atordoados. Trepadeiras de pepino de 3,66 metros de altura nasciam de pequenos tijolos com solo para cultivo. Os pepinos — uma variedade em miniatura chamada pelos suíços de *Snack-Gurken* — tinham acabado de ser colhidos e estavam empilhados em caixotes. Ruser apontou para um tubo preto de plástico que passava ao longo do chão. Assim, explicou, o CO2 era transportado das unidades da Climeworks.

"Toda planta precisa de CO2", observou Ruser. "E quanto mais oxigênio, mais ela fica forte." As beringelas em particular, disse, florescem graças a muito dióxido de carbono; para a alegria deles, ele podia aumentar o nível até chegar a mil partes por milhão — mais que o dobro do nível no mundo lá fora. Contudo, era preciso tomar cuidado. Pagavam a Climeworks pelo CO2 canalizado, então cada molécula era importante: "Preciso calcular o nível que seja lucrativo."

A remoção do dióxido de carbono pode ser essencial; já está incluída nos cálculos do IPCC. No contexto atual, contudo, também é inviável em termos econômicos. Como é possível manter uma indústria de 100 bilhões de dólares para um produto que ninguém quer comprar? As beringelas e o *Snack-Gurken* representavam uma solução reconhecidamente manipulada pelo júri. Ao vender seu CO2 para as estufas, a Climeworks tinha assegurado uma fonte de renda para financiar suas unidades de captação. O problema era que o carbono captado era captado apenas por curto espaço de tempo. Quem consumisse o *Snack-Gurken* liberaria o CO2 gasto para produzi-lo.

De outros tijolinhos de sujeira, tomates-cerejas subiam até o teto em espirais helicoidais. Os tomates, ainda a um ou dois dias da colheita, eram perfeitos, como tomates de estufa. Ruser pegou dois e me deu. O lixo em chamas, os hectares de vidro, as caixas de abelhas, os legumes cultivados com produtos químicos e o CO2 capturado — eram totalmente normais ou uma loucura? Pensei um segundo e depois enfiei os tomates na boca.

CAPÍTULO 2

O Índice de Explosividade Vulcânica (IEV) foi criado nos anos 1980 como uma espécie de primo da escala Richter. O índice vai de zero, um suave arroto de erupção, a oito, uma catástrofe "megacolossal" digna de marcar época. Como seu parente mais famoso, o IEV é logarítmico. Assim, por exemplo, uma erupção tem uma magnitude de quatro se produzir mais de cem milhões de metros cúbicos de material ejetado e uma magnitude de cinco se produzir mais de um bilhão. De acordo com as referências históricas, só houve um punhado de magnitude sete (cem bilhões de metros cúbicos) e nenhuma erupção de magnitude oito. Dos sete, o mais recente — e, por conseguinte, o mais bem documentado — foi a erupção do vulcão Tambora, em Sumbawa, uma ilha da Indonésia.

O Tambora deu seus primeiros sinais na noite do dia 5 de abril de 1815. Pessoas da região relataram terem ouvido explosões altas, que atribuíram a tiros de canhão. Cinco dias depois, a montanha soltou uma coluna de fumaça e lava que atingiu a altura de quarenta quilômetros.[1] Dez mil pessoas morreram quase de imediato — reduzidas a cinzas pelas nuvens de molten rock e vapor que descia pelas encostas.[2] Um sobrevivente relatou ter visto "um corpo de fogo líquido espalhando-se em todas as direções".[3] Tantas cinzas foram atiradas no ar que, dizem, o dia virou noite. De acordo com um capitão britânico cujo navio estava ancorado a quatrocentos quilômetros ao norte de Tambora, "era impossível ver a própria mão quando a levávamos perto do olho".[4] Todas as plantações em Sumbawa e em Lombok, a ilha vizinha, foram destruídas pelas cinzas, deixando dezenas de milhares de vítimas morrerem de fome.

A erupção do Tambora deixou uma enorme cratera.

Essas mortes foram apenas o começo. Junto com a cinza, o Tambora expeliu mais de cem milhões de toneladas de gás e pequenas partículas,[5] que permaneceram suspensas na atmosfera anos a fio, carregadas mundo afora pelos ventos estratosféricos. A névoa em si era invisível; já os seus resultados, o extremo oposto. Os pores do sol na Europa se tingiram assustadoramente de azul e vermelho, um efeito registrado em diários particulares e nos trabalhos de pintores como Caspar David Friedrich e J. M. W. Turner.

O tempo na Europa ficou nublado e frio. No que é provavelmente o mais famoso *summer share* do mundo, Lord Byron alugou uma *villa* no Lago de Genebra em junho de 1816 com Percy e Mary Shelley como suas convidadas. Confinados dentro de casa pela chuva incessante da estação, decidiram escrever histórias de fantasmas, uma prática que deu vida a *Frankenstein*. Naquele mesmo verão, Byron compôs seu poema "Trevas", que narra, num trecho:

> A manhã veio e se foi, e veio de novo, sem trazer o dia,
> E os homens esqueceram suas paixões no pavor
> dessa desolação; e todos os corações
> congelaram numa egoísta prece pela luz

O tempo ruim provocou péssimas colheitas da Irlanda à Itália. Viajando pelo Reno, o militar tático Carl von Clausewitz viu "pessoas arruinadas, mal lembrando homens, rondando em volta dos campos",[6] buscando algo comestível entre "batatas já apodrecendo". Na Suíça, multidões famintas destruíram padarias; na Inglaterra, protestantes marchando com faixas que diziam Pão ou Sangue se enfrentaram com a polícia.[7]

Quantos morreram de fome é ambíguo; alguns calculam o número em milhões.[8] A escassez levou muitos europeus a imigrarem para os Estados Unidos, mas acontece que as condições do outro lado do Atlântico não eram tão melhores. Na Nova Inglaterra, 1816 ficou conhecido como o "ano sem verão" ou "mil-oitocentos-e-congelar-até-a-morte". Em meados de junho fazia tanto frio no centro de Vermont que pingentes de gelo de trinta centímetros caíam das beiradas das construções. "A cara exata da natureza", opinou o *Vermont Mirror*, "parece envolva numa escuridão semelhante à da morte".[9] No dia 8 de julho, geadas atingiram até Richmond, Virginia.[10] Chester Dewey, professor do Williams College,[11] em Williamstown, Massachusetts, onde, por acaso, moro, registrou uma frente fria em 22 de agosto que destruiu a safra de pepino. Uma frente fria ainda mais forte em 29 de agosto destruiu quase todas as plantações de milho.

"O que o vulcão faz é colocar dióxido de enxofre na estratosfera", disse Frank Keutsch. "E isso oxida numa questão de semanas e se transforma em ácido sulfúrico."

"O ácido sulfúrico", ele continuou, "é uma molécula muito pegajosa. E começa a produzir partículas — ácido sulfúrico concentrado e gotículas — em geral menores que um mícron. Esses aerossóis permanecem na estratosfera numa escala de tempo de alguns anos. E dispersam a luz do sol de volta ao espaço". O resultado são temperaturas mais baixas, pores do sol fantásticos e, ocasionalmente, fome.

Keutsch é um homem corpulento de cabelos pretos desgrenhados e um sotaque alemão cadenciado. (Ele cresceu perto de Stuttgart.) Num lindo dia de final de inverno, fui visitá-lo em seu escritório em Cambridge, decorado com fotografias dos filhos. Químico de formação, Keutsch é um dos principais cientistas do Programa de Pesquisa em Geoengenharia de Harvard, financiado, em parte, por Bill Gates.

A premissa por trás da Geoengenharia solar, ou como, às vezes, é mais suavemente chamada, "administração de radiação solar" é que se os vulcões podem resfriar o mundo, as pessoas também podem. Jogue um zilhão de partículas reflexivas na estratosfera e menos luz do Sol chegará ao planeta. As temperaturas cessarão de aumentar — ou, ao menos, não aumentarão tanto — e o desastre será evitado.

Mesmo em uma era de rios eletrificados e roedores redesenhados, a Geoengenharia solar está aí. Ela tem sido descrita como "perigosa além do que se acredita",[12] "uma estrada comprida para o inferno",[13] "inimaginavelmente drástica"[14] e também como "inevitável".[15]

"Achei a ideia totalmente louca e um bocado desconcertante", me disse Keutsch. O que o levou até ela foi o medo.

"O que me preocupa é o fato de em dez ou quinze anos, as pessoas poderem sair para a rua e exigir dos tomadores de decisão: 'Vocês precisam agir agora!'", disse. "Temos esse problema intrínseco do CO2 e não podemos fazer nada a seu respeito muito rápido. Então, se houver pressão do público para agir rápido, minha preocupação é não haver ferramentas ao alcance a não ser a Geoengenharia estratosférica. E se começarmos a pesquisar apenas aí, temo que seja tarde demais, pois com a Geoengenharia estratosférica, você está interferindo em um sistema altamente complexo. Acrescentarei que muitas pessoas não concordam com isso."

"Quando comecei isso, eu talvez, estranhamente, não estivesse preocupado com isso", observou poucos minutos depois. "Porque a ideia de que a Geoengenharia de fato aconteceria parecia bem remota. Contudo, ao longo dos anos, quando vejo nossa falta de ação no que diz respeito ao clima, fico de vez em quando bem ansioso que isso possa de fato ocorrer. E sinto muita pressão vindo disso."

Podemos pensar na estratosfera como na segunda sacada da Terra. Fica acima da troposfera, que é onde as nuvens flutuam, os ventos alísios sopram e os furacões se intensificam, e abaixo da mesosfera, aonde os meteoros vão para se vaporizar. A altura da estratosfera varia de acordo com a estação do ano e a localização; grosso modo, na linha do Equador, a base da estratosfera fica 17.700 metros acima da superfície da Terra e nos polos bem menos — cerca de 9.500 metros acima da superfície. Do ponto de vista da Geoengenharia, o fundamental a respeito da estratosfera é que é estável — muito mais que a troposfera — e também razoavelmente acessível. Os aviões comerciais em geral voam na estratosfera inferior, para evitar turbulências, e aviões espiões voam no meio, para evitar mísseis. Os materiais injetados na estratosfera nos trópicos tendem a ir na direção dos polos e, alguns anos depois, voltar para a terra.

Como o propósito da Geoengenharia solar é reduzir a quantidade de energia que atinge a Terra, em princípio ao menos, qualquer tipo de partícula reflexiva serviria. "O melhor material possível, provavelmente, é o diamante", disse Keutsch. "De fato, os diamantes não absorvem energia alguma, então isso minimizaria a mudança na dinâmica estratosférica. E o diamante em si é extremamente não reativo. A ideia de que é um processo caro — eu não me importo com isso. Se tivéssemos que produzir isso em grande escala, pois resolve um problemão, descobriríamos uma solução." Atirar minúsculos diamantes na estratosfera me pareceu uma ideia mágica, assim como borrifar o mundo com pó de pirlimpimpim.

"Mas uma das coisas a levar em consideração é que todo o material cai", continuou Keutsch. "Isso significa que as pessoas inalarão essas

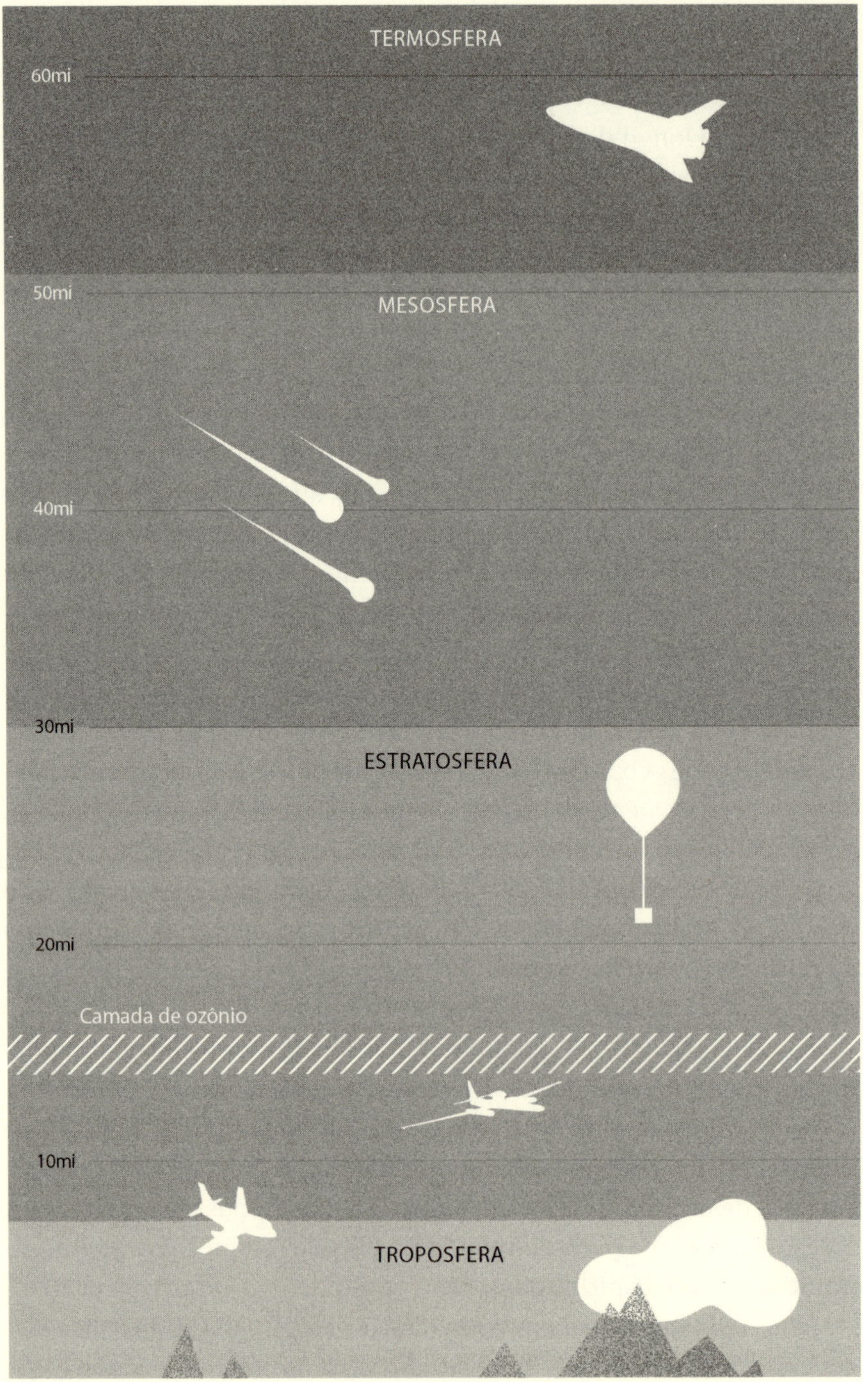
TERMOSFERA
60mi
50mi
MESOSFERA
40mi
30mi
ESTRATOSFERA
20mi
Camada de ozônio
10mi
TROPOSFERA

pequeninas partículas de diamante? É bem provável que a quantidade seja tão pequena que isso não seria um problema. Mas, por algum motivo, não gosto da ideia."

Outra opção é utilizar os vulcões e borrifar dióxido de enxofre. Essa alternativa também tem seu lado negativo. Carregar a estratosfera com dióxido de enxofre contribuiria para a chuva ácida. E o mais grave, poderia danificar a camada de ozônio. Após a erupção do Monte Pinatubo, nas Filipinas, em 1991, houve uma breve queda na temperatura global de cerca de -17º Celsius.[16] Nos trópicos, os níveis de ozônio na camada mais baixa da estratosfera chegaram a cair até um terço.[17]

"Talvez não estejamos numa boa fase, mas é esse o diabo que conhecemos", disse Keutsch.

De todas as substâncias que podem ser usadas, o carbonato de cálcio era o que mais entusiasmava Keutsch. De uma forma ou de outra, o carbonato de cálcio aparece em todos os lugares — em recifes de corais, nos poros do basalto, no lodo do fundo do oceano. É o principal componente do calcário, uma das rochas sedimentares mais comuns do mundo.

"Há imensas quantidades de pó de calcário flutuando no ar pela troposfera, onde vivemos", observou Keutsch. "Então isso o torna atraente."

"O calcário tem propriedades ótimas, próximas das ideais", continuou. "Ele se dissolve no ácido. Então posso garantir que não terá o mesmo impacto destruidor do ácido sulfúrico na camada de ozônio."

"As estimativas matemáticas confirmaram as vantagens do mineral", disse Keutsch. Mas até alguém de fato jogar carbonato de cálcio na estratosfera, é difícil saber o quanto podemos confiar nas estimativas. "Não tem outro jeito", disse.

O primeiro relatório governamental sobre o aquecimento global — embora o fenômeno ainda não se chamasse "aquecimento global" — foi entregue ao presidente Lyndon Johnson em 1965. "O ser humano está involuntariamente conduzindo um grande experimento geofísico",[18] o documento assegurava. O resultado da queima de combustíveis fósseis iria, com quase absoluta certeza, causar "mudanças significativas na temperatura", que, por sua vez, levariam a outras mudanças.

"O derretimento da calota de gelo da Antártica poderia aumentar o nível do mar em 120 metros", observava o relatório. Mesmo se o processo levar mil anos para acontecer, os oceanos "iriam subir cerca de 1,20 metro a cada dez anos",[19] ou "12 metros a cada século".

As emissões de carbono nos anos 1960 cresciam a olhos vistos — em torno de 5% ao ano. Contudo, o relatório não mencionou tentar reverter ou ao menos tentar diminuir esse crescimento. Ao contrário, avisou que "as possibilidades de provocar deliberadamente mudanças climáticas para compensar poderiam... ser plenamente exploradas". Uma dessas possibilidades era "espalhar pequeníssimas partículas reflexivas sobre grandes áreas oceânicas".

"Estimativas aproximadas indicam que partículas suficientes para cobrir 2,5 quilômetros quadrados poderiam ser produzidas por, quem sabe, 100 dólares",[20] afirmava o relatório. "Portanto 1% de mudança através do reflexo podia ser obtido por cerca de 500 milhões de dólares por ano" — mais ou menos 4 bilhões de dólares por ano em valores atuais. Considerando-se "a extraordinária importância econômica e humana do clima, custos dessa magnitude não parecem excessivos", concluiu o relatório.

Nenhum dos autores do relatório ainda está vivo, então é impossível saber o motivo de o comitê ter pulado diretamente para um lançamento multimilionário de partículas reflexivas. Talvez fosse apenas o *zeitgeist*. Nos anos 1960, as propostas de controle do clima e do tempo estavam a todo vapor tanto nos Estados Unidos, quanto na União Soviética. O projeto Stormfury, uma colaboração entre a Marinha dos Estados Unidos e a Agência Climática, mirava os furacões. Esses, acreditavam, podiam ser enfraquecidos se mandassem aeronaves semear as nuvens em volta do olho com iodeto de prata.[21] A Operação Popeye, um esquema secreto de modificação climática conduzido pela Força Aérea durante a Guerra do Vietnã, deveria aumentar as chuvas na rota Ho Chi Minh, mais uma vez semeando nuvens com iodeto de prata. Surpreendentes 2.600 lançamentos de semeadura foram realizados pelo 54º Esquadrão de Reconhecimento do Clima antes de a operação ser revelada no *Washington Post* e encerrada.[22] (Um programa parecido — a Operação Commando Lava — planejava despejar uma mistura de produtos químicos na rota na tentativa de desestabilizar o solo.) Outros planos de modificação climática criados às custas do governo visavam reduzir relâmpagos e suprimir o granizo.[23]

Os esquemas dos soviéticos eram, dependendo da perspectiva, ainda mais perspicazes ou mais excêntricos. Em um livro intitulado *Can Man Change the Climate?* ["Pode o homem mudar o clima?"], um engenheiro chamado Petr Borisov sugeriu derreter a calota polar Ártica criando uma barragem ao longo do Estreito de Bering. Trilhões de litros de água fria poderiam então, de um jeito ou de outro, ser bombeados do Oceano Ártico para o Pacífico Norte. Por sua vez, essa água atrairia águas mais quentes do Atlântico Norte e, de acordo com os cálculos de Borisov, produzir invernos menos rigorosos não apenas nas regiões polares, mas também nas latitudes médias.

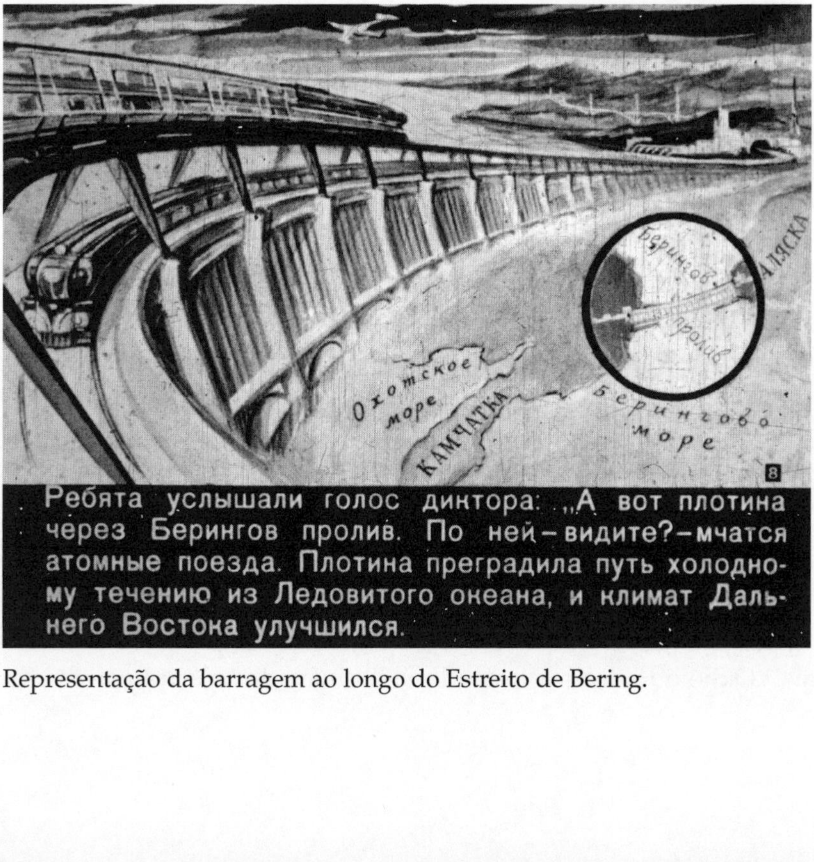

Representação da barragem ao longo do Estreito de Bering.

"O que a espécie humana precisa é de uma guerra contra o frio, e não de uma 'guerra fria'",[24] declarou Borisov.

Outro cientista soviético, Mikhail Gorodsky, recomendou a criação de um cinturão em forma de máquina de lavar de partículas de potássio ao redor da Terra, algo parecido com os anéis de Saturno. O cinturão ficaria posicionado de modo a refletir a luz do sol no verão. Gorodsky acreditava que esse arranjo resultaria em invernos bem menos frios no longínquo norte, e também levaria a um degelo do Permafrost do mundo, um desenvolvimento que ele via com bons olhos.[25] *Homem* versus *clima*, um relatório sobre essa e outras propostas soviéticas traduzidas para o inglês por uma organização sediada em Moscou chamada Peace Publishers, terminava com a seguinte declaração:

> Novos projetos para transformar a natureza serão apresentados todo ano. Serão mais majestosos e mais excitantes, pois a imaginação humana, assim como o conhecimento humano, não tem limites.[26]

Nos anos 1970, a engenharia climática caiu em desuso. Mais uma vez, é difícil dizer o motivo exato. A preocupação pública com o meio ambiente talvez tenha alguma coisa a ver com isso,[27] assim como o crescente consenso científico de que a produção de nuvens era um fiasco. Enquanto isso, mais e mais relatórios apareciam, tanto em inglês quanto em russo, alertando que os humanos já andavam modificando o clima, e em gigantesca escala.

Em 1974, Mikhail Budyko, um proeminente cientista do Observatório Geofísico de Leningrado, publicou um livro intitulado *Climatic Changes*. Budyko expôs os perigos causados pelo aumento dos níveis de oxigênio, mas argumentou que sua contínua escalada era inevitável: a única maneira de conter as emissões era acabar com o uso de combustível fóssil, e nenhuma nação provavelmente pretendia agir assim.

Seguindo essa lógica, Budyko chegou à ideia de "vulcões artificiais". O dióxido de enxofre poderia ser injetado na estratosfera usando aviões ou "foguetes e diferentes tipos de mísseis".[28] Budyko não tinha a intenção de melhorar a natureza, seguindo a moda do Projeto Stormfury ou da barragem no Estreito de Bering. Em vez disso, ele estava pensando em linhas mais revanchistas, como na máxima do *Leopardo*: "Se quisermos que tudo permaneça como está, tudo deve mudar." "No futuro próximo a modificação climática será necessária de modo a manter as atuais condições climáticas", escreveu.[29]

David Keith, professor de Física aplicada em Harvard, foi descrito como "talvez o principal defensor da Geoengenharia",[30] uma caracterização que o deixa arrepiado. "Sou um defensor da realidade", escreveu em carta ao editor do *The New York Times* em 2015.[31] Keith fundou o Programa de Pesquisa em Geoengenharia solar da universidade em 2017 e recebe, com regularidade, e-mails expressando ódio a respeito. Já recebeu duas vezes ameaças de morte preocupantes o bastante para registrar queixa na polícia. Seu escritório fica logo ao lado do de Keutsch, num prédio conhecido como Link.

"A Geoengenharia solar não é algo que você possa estudar em termos abstratos", me disse quando fui conversar com ele alguns dias depois de ter visitado Keutsch. "Depende de escolhas humanas sobre como a usamos. Então, sempre que alguém faz uma declaração de que a Geoengenharia solar colocará o mundo em perigo ou salvará o mundo, ou seja lá o que for, você sempre deveria perguntar, 'Qual Geoengenharia solar? Feita de que maneira?'"

Keith é alto e anguloso, com uma barba ao estilo Lincoln. Ávido montanhista, descreve-se como um "inventor"[32] um "tecnófilo" e "um excêntrico ambientalista". Cresceu no Canadá e por cerca de uma década deu aulas na Universidade de Calgary. Enquanto trabalhava lá, fundou uma empresa, a Carbon Engineering, que compete com a Climeworks na captação de ar direto. (A Carbon Engineering tem uma usina piloto em British Columbia que visitei uma vez; tem uma vista espetacular do Monte Garibaldi, um vulcão inativo que se eleva a uma altura de cerca de 2.800 metros.) Hoje divide seu tempo entre Cambridge e Canmore, uma cidade nas Canadian Rockies.

Keith acredita que o mundo acabará reduzindo suas emissões de carbono se não a zero, mas perto disso. Também acredita que as tecnologias de remoção de carbono podem um dia ser ampliadas para cuidar do resto. Mas tudo isso, acredita, não será suficiente. Durante o período de "sobrecarga", muitas pessoas sofrerão mudanças que são, para todos os efeitos, irreversíveis, como o desaparecimento da Grande Barreira de Corais.

O melhor caminho a seguir, ele argumenta, é fazer tudo: corte de emissões, remoção de carbono e Geoengenharia. Com base nas projeções computadorizadas, ele recomenda que a opção mais segura seria lançar suficientes aerossóis para cortar o aquecimento ao meio, em vez de neutralizá-lo por inteiro — o que pode ser chamado de "semiengenharia".

"Se você não tentasse restaurar as temperaturas aos níveis do período pré-industrial, então a evidência de realmente todos os modelos climáticos é que a maioria das grandes ameaças climáticas conhecidas — precipitação extrema, temperaturas extremas, mudanças na disponibilidade de água, aumento do nível do mar — são reduzidas", me disse. Isso é fato em basicamente todos os lugares, ele disse, "no sentido de que não há regiões óbvias que pioram. Tal resultado, acredito, é de fato surpreendente".

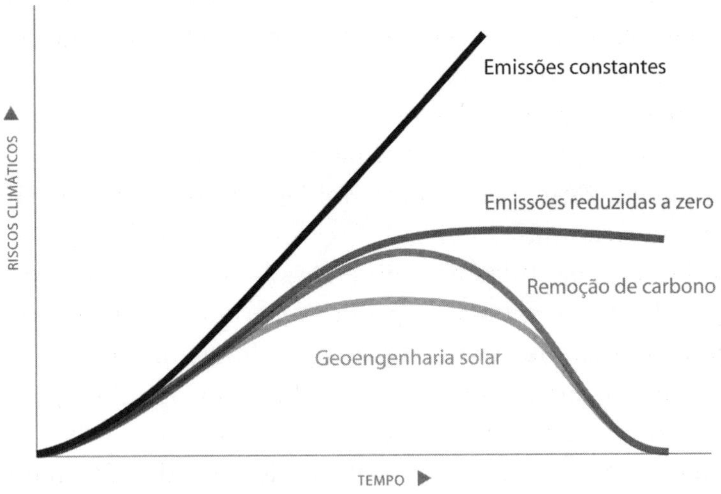

A Geoengenharia solar pode potencialmente ser usada para "cortar o topo" dos riscos das mudanças climáticas.

Perguntei a Keith sobre o que às vezes é chamado de problema de "risco moral". Se as pessoas acreditam que a Geoengenharia vai evitar os piores efeitos da mudança climática, isso não reduziria sua motivação para cortar as emissões? Ele respondeu que achava que o oposto também era bastante provável.

"Superar o tipo de monomania que afirma 'que a única coisa que podemos fazer é cortar as emissões', ou a versão mais limitada, que diz que 'a única coisa que podemos fazer é a energia renovável', acho que poderia, na verdade, garantir um acordo político mais abrangente para lidar com o problema. As pessoas podem estar *mais* dispostas a gastar um dinheiro considerável em emissões como parte de um projeto que, em geral, não apenas limitasse o estrago, mas de fato tornasse o mundo melhor."

Sugeri que os humanos não tinham um currículo muito confiável em se tratando do tipo de intervenção que ele recomendava. Ainda que importar anfíbios venenosos mal pudesse ser comparado a bloquear o Sol, citei o exemplo dos sapos-bois.

Keith sugeriu que eu estava revelando minhas próprias tendências: "Para quem diz que a maioria dos nossos consertos tecnológicos dá errado, eu digo 'Tudo bem, a agricultura deu errado?' Certamente é verdade que a agricultura teve resultados bastante inesperados."

"As pessoas pensam em todos os exemplos ruins da modificação ambiental", continuou. "Esquecem-se de todas as que estão mais ou menos funcionando. Há uma planta, a tamargueira, originária do Egito. Espalhada por todo o deserto Sudoeste e tem se mostrado muito destrutiva. Depois de um monte de tentativas, importaram um inseto que come a tamargueira e, ao que tudo indica, está funcionando.

"Quero deixar evidente, não estou dizendo que as modificações dão certo na maioria das vezes. Estou dizendo que é uma conjuntura ampla, indefinida."

A Geoengenharia não é algo que você possa fazer com um kit recebido pelo correio em sua cozinha. Ainda assim, no que diz respeito aos projetos de alteração do mundo, parece surpreendentemente fácil.

O melhor método para despejar aerossóis provavelmente seria por meio de aeronaves. O avião precisaria ser capaz de alcançar uma altitude de dezoito mil metros e jogar um carregamento da ordem de vinte toneladas. Pesquisadores que estudaram a configuração de tal nave, que batizaram de Lofter de Injeção de Aerossol Estratosférico, ou SAIL, na sigla em inglês, concluíram que o custo do desenvolvimento seria de cerca de 2,5 bilhões de dólares.[33] Pode parecer muito dinheiro, mas é apenas um décimo do valor gasto pela Airbus para desenvolver seu "superjumbo" A380, um avião que deixou de ser produzido depois de uns doze anos. Implantar uma frota de SAILs custaria outros 15 bilhões de dólares ou mais por década. De novo, isso não é algo a se desdenhar, mas o mundo gasta agora uma quantidade superior a trezentas vezes esse valor todos os anos em subsídios de combustível fóssil.[34]

"Dezenas de países teriam tanto a expertise quanto o dinheiro para lançar um programa desses",[35] observaram os pesquisadores Wake Smith, professor convidado na Yale, e Gernot Wagner, professor na NYU.

A Geoengenharia solar não seria só barata, falando em termos relativos, mas também veloz. Tão logo a frota de SAILs entrasse em operação, o esfriamento começaria. (Um ano e meio depois da erupção do Tambora, os pepinos na Nova Inglaterra congelaram.) Como Keutsch me explicou, é a única maneira de "agir de modo rápido" em relação à mudança climática.

Mas se uma frota de SAILs parece uma solução rápida e a preço baixo, isso se deve em essência ao fato de não ser uma solução. O que a tecnologia combate são os sintomas do aquecimento, e não a sua causa. Por esse motivo, a Geoengenharia tem sido comparada ao tratamento do vício de heroína com metadona, embora talvez uma comparação mais apropriada seria tratar o vício de heroína com anfetaminas. Resultado final: dois vícios em vez de um.

Tendo em vista que, uma vez arremessadas na estratosfera, as partículas de calcita ou de sulfato (ou de diamante) caem de volta alguns anos depois, seria necessária reposição constante. Se os SAILs voassem algumas décadas, mas por qualquer motivo — guerra, pandemia, insatisfação com os resultados — parassem de voar, o efeito seria o de abrir uma porta de forno do tamanho do globo. Todo o aquecimento mascarado de repente se manifestaria numa subida rápida e dramática da temperatura, fenômeno conhecido como "choque de terminação".

Por outro lado, para manter o ritmo do aquecimento, os SAILs precisariam lançar carregamentos cada vez maiores (Em termos de "vulcão artificial", isso equivaleria ao estágio de erupções cada vez mais violentas.) Smith e Wagner basearam os cálculos dos custos segundo o protocolo recomendado por Keith, que reduziria pela metade a taxa de aquecimento daqui para a frente. Os dois estimaram que cerca de cem mil toneladas de enxofre teriam que ser dispersas no primeiro ano do programa. No décimo ano, a quantidade subiria para mais de um milhão de toneladas. Durante este período, o número de voos seria intensificado na mesma medida,[36] passando de quatro mil a mais de quarenta mil por ano. (Cada voo, por mais estranho que pareça, geraria muitas toneladas de dióxido de carbono, causando mais aquecimento, o que implicaria mais voos.)

Quanto maior o número de partículas injetadas na estratosfera, maior a probabilidade de efeitos colaterais estranhos. Pesquisadores que estudaram o uso de Geoengenharia solar para contrabalançar os níveis de dióxido de carbono de 560 partes por milhão — níveis que poderiam ser alcançados com razoável facilidade no final deste século — determinaram que isso poderia mudar a aparência do céu. O branco seria o novo azul. O efeito, eles observaram, faria com que "o céu de áreas anteriormente intocadas se parecesse com o céu de áreas urbanas". Outro resultado mais providencial, destacaram os pesquisadores, seriam pores do sol gloriosos, "similares aos vistos depois de grandes erupções vulcânicas".[37]

Alan Robock é climatologista na Universidade Rutgers e um dos responsáveis pelo Projeto de Intercomparação de Modelos de Geoengenharia, ou GeoMIP, na sigla em inglês. Robock mantém uma lista de preocupações relativas à Geoengenharia; a última versão contém mais de duas dúzias de itens.[38] O número um é a possibilidade de alterar o padrão da chuva, provocando "seca na África e na Ásia". O número nove é "menos geração de energia solar", e o número dezessete é "céus mais brancos". O item número 24 é "conflitos entre países". E o número 28 é "os humanos têm o direito de fazer isso?".

Por longos anos, Keith e Keutsch colaboraram num projeto conhecido como Experimento de Perturbação Estratosférica Controlada ou SCoPEx. O teste deve ocorrer em algum lugar no sudoeste americano, a uma altitude de mais de dezenove mil metros. Consiste em espalhar meio ou um quilo de partículas refletivas e um balão zero pressão preso a uma cesta contendo instrumentos científicos.

Quando visitei Cambridge, o trabalho na cesta estava em andamento, e Keith se ofereceu para me mostrar a estrutura. Atravessamos um labirinto de corredores e entramos num laboratório abarrotado de tubos, botijões de gás, caixas de embalagem, placas de circuito e uma quantidade de ferramentas dignas da Home Depot. "Essa é a estrutura de voo", disse apontando para um mecanismo de vigas de metal do tamanho de um galpão. "E esses são os propulsores."

Keith explicou que o teste se daria em estágios. No primeiro, o balão flutuaria pela estratosfera, soltando um jato de partículas da cesta. Em seguida, o balão sem tripulação mudaria de direção e navegaria de volta através da nuvem de partículas, para que seu comportamento pudesse ser estudado.

O objetivo do experimento não é testar a Geoengenharia *per se* — dois ou três quilos de carbonato de cálcio ou dióxido de enxofre não são nem de longe suficientes para produzir uma diferença perceptível no clima. No entanto, o SCoPEx representaria o primeiro teste real em campo — ou, caso prefira, o primeiro teste no céu — do conceito, e tem surgido muita oposição ao decolar do projeto.

"Mesmo que a quantidade seja irrelevante", disse Keutsch, "é extremamente simbólico ter um balão na estratosfera soltando partículas".

"Tem gente que acha que não devíamos dar prosseguimento ao teste por razões que julgo coerentes", disse Keith, enquanto observávamos um de seus alunos de graduação aplicar epóxi no trem de pouso da gôndola SCoPEx. "Mas só para deixar nítido, o risco físico real é que algo desmonte e caia na cabeça de alguém."

Por enquanto, o programa de pesquisa em Geoengenharia de Harvard é o que conta com o maior financiamento do mundo, e verbas de quase 20 milhões de dólares. Mas há vários outros grupos de pesquisa, tanto nos Estados Unidos quanto na Europa, explorando formas alternativas de "intervenção climática".

Sir David King, químico que atuou como conselheiro científico chefe dos primeiros-ministros Tony Blair e Gordon Brown e como representante especial para mudanças climáticas do governo, acabou de lançar uma iniciativa de pesquisa, o Centro para Reparo Climático, na Universidade de Cambridge.

"Estamos agora a cerca de 1,1°C, 1,2°C acima dos níveis do período pré-industrial", me disse King ao telefone certo dia. "E chegamos à conclusão de que isso já é demais. O gelo do oceano Ártico, por exemplo, está derretendo muito mais rápido do que o previsto. Estamos assistindo ao degelo muito mais rápido da camada de gelo da Groenlândia do que o previsto. Então como vamos lidar com isso?"

King disse que além de aumentar a redução de emissões — "sem isso, sinceramente, estamos fritos" —, o centro foi criado para promover a pesquisa referente à remoção do carbono e tecnologias para "recongelar" os polos. Uma das ideias que ele mencionou foi uma versão ártica do cloud-brightening. Segundo esse esquema, uma frota de navios seria despachada para o Oceano Ártico para disparar gotículas de água salgada no céu. Os cristais de sal, de acordo com a teoria, aumentariam a refletividade das nuvens, reduzindo em consequência a quantidade de luz do sol que bate no gelo.

"A esperança é preservar a camada de gelo do mar formada durante o inverno polar", disse King. "E se você prossegue com isso ano após ano, é possível reconstruir o gelo, camada por camada."

Dan Schrag é diretor do Centro Universitário para o Meio Ambiente de Harvard e foi um dos ganhadores do prêmio MacArthur (conhecido como Bolsa para Gênios). Ajudou a criar o programa de Geoengenharia de Harvard e é membro do Conselho da universidade.

"Muitos expressaram consternação diante da perspectiva de reestruturação do clima no planeta inteiro", escreveu. "Ironicamente, tais tentativas de reestruturação podem ser a melhor chance de sobrevivência para a maioria dos ecossistemas naturais da Terra — embora, quem sabe, não devam mais ser chamados de naturais, caso tais sistemas de reestruturação sejam um dia implementados."[39]

O escritório de Schrag fica a uma quadra dos de Keith e Keutsch, e aproveitei a visita a Cambridge para marcar uma reunião com ele. Mickey, seu genial cachorro da raça Chinook, veio me cumprimentar.

"Não sei se você sente pressão igual como escritora", disse Schrag. "Mas vejo muita pressão de meus colegas por um final feliz. As pessoas querem ter esperança. E eu fico meio, 'Quer saber? Sou cientista. Meu trabalho não é dar notícias boas a ninguém. Meu trabalho é descrever o mundo da maneira mais fiel possível.'"

"Como geólogo, penso em escalas de tempo", continuou. "A escala de tempo do sistema climático vai de séculos a dezenas de milhares de anos. Se pararmos de emitir CO2 amanhã, o que, evidente, é impossível, o clima continuará aquecendo no mínimo por séculos, porque o oceano não está equilibrado. Isso é Física básica. Não sabemos o quanto isso é um aviso exagerado, mas poderia ser facilmente outros 70% além do que já vimos. Então, nesse sentido, já chegamos a 2°C. Teremos sorte se pararmos nos 4°C. Isso não é uma visão otimista ou pessimista. Para mim, é a realidade objetiva." (Um aumento global de temperatura de 4°C — 7,2° F — não só está muito além do limite oficial do desastre, mas caminha para o território cuja melhor descrição, é provável, é impensável.)

"Acho a ideia de que, de alguma forma, as pesquisas de Geoengenharia solar abrirão a caixa de Pandora, incrivelmente ingênua", disse Schrag. "Acredita mesmo que o exército dos Estados Unidos ou da China não pensaram nisso? Fala sério! Eles já produziram nuvens para fazer chover. Isso não é uma ideia nova, e não é segredo."

"As pessoas precisam parar de pensar se gostam ou não da Geoengenharia solar, se acham que deve ou não ser feita. Precisam compreender que nós não decidimos. Os Estados Unidos não decidem. Você é um líder mundial e há uma tecnologia que pode afastar toda dor e sofrimento, ou pelo menos parte dela. Você há de ficar muito tentado. Não estou dizendo que agirão amanhã. Acho que precisamos de uns trinta anos. A maior prioridade para os cientistas é descobrir todas as diferentes formas de isso dar errado."

Enquanto conversávamos, uma amiga de Schrag apareceu em seu escritório. Schrag a apresentou como Allison McFarlane, uma ex-diretora da Comissão Regulatória Nuclear dos Estados Unidos. Quando ele lhe disse que estávamos discutindo Geoengenharia, ela fez um sinal de negativo com o dedo.

"São as consequências não intencionais", disse ela. "Você acha que está fazendo a coisa certa. Do que conhece do mundo natural, deve funcionar. Mas depois você faz e o tiro sai pela culatra e algo diferente acontece."

"O que nós somos contra é o mundo real da mudança climática", retrucou Schrag. "A Geoengenharia não é algo a ser feito de modo leviano. O motivo de estarmos pensando no assunto é que o mundo real lidou com a gente de uma forma ruim."

"Nós mesmos fizemos isso", disse McFarlane.

CAPÍTULO 3

NA ÉPOCA EM QUE A MARINHA DOS ESTADOS UNIDOS LANÇOU O PROjeto Stormfury, o Exército embarcou num projeto conhecido — ainda que só por poucos, pois era ultraconfidencial — como Iceworm. O Iceworm era um projeto excepcionalmente frio para acabar com a Guerra Fria. O Exército propôs cavar centenas de quilômetros de túneis na camada de gelo da Groenlândia equipados com linhas ferroviárias para o transporte de mísseis nucleares, sem que os soviéticos tivessem conhecimento. "O projeto Iceworm, portanto, conjuga mobilidade com dispersão, dissimulação e rigidez", se vangloriava um relatório confidencial.[1]

Dando prosseguimento ao plano, o Corpo de Engenheiros do Exército, encarregado da construção da base, foi enviado para a Groenlândia no verão de 1959. Situada a 77ºN de latitude, a cerca de 240 quilômetros a leste da baía de Baffin, Camp Century era de longe a maior obra já erguida no — ou dentro do — gelo. Usando basicamente gigantescos removedores de neve, o Corpo de Engenheiros escavou uma rede de passagens subterrâneas, com dormitórios conectados, refeitório, capela, sala de cinema e barbearia. Havia até uma loja subglacial onde se comprava perfume para mandar para casa. (Uma das piadas favoritas no campo era a de que havia uma garota atrás de cada árvore.) O projeto era alimentado por um reator nuclear portátil.

Camp Century era a única parte do Projeto Iceworm anunciada pelo Exército. A construção da base visava a pesquisa polar, e o Exército produziu um filme promocional no qual era narrado o esforço hercúleo dos membros do Corpo de Engenheiros. Só a busca de materiais de construção na costa exigia comboios de tratores especiais que percorriam as geleiras a uma velocidade de três quilômetros por hora. "Camp Century é o símbolo da luta incessante do homem para conquistar o meio-ambiente",[2] alardeava o narrador do filme. Repórteres foram convidados a visitar os túneis e dois garotos escoteiros — um americano e um dinamarquês — a passarem uma temporada no complexo.[3]

Tão logo a construção terminou, contudo, os problemas em Camp Century começaram. O gelo, como a água, flui. Os engenheiros sabiam e haviam incluído dinâmica em seus cálculos. Mas não tinham considerado de modo adequado o fator humano — a maneira como o calor do reator nuclear afetaria o processo. Quase ao mesmo tempo, os túneis começaram a contrair.[4] Para evitar o esmagamento/queda dos dormitórios, do cinema e do refeitório, equipes precisavam "aparar" o gelo com motosserras continuamente. Um visitante da base comparou a barulheira à reunião geral anual de todos os demônios do inferno.[5] Em 1964, o recinto em que o reator ficava tinha se deformado tanto que a unidade precisou ser removida. Em 1967, a base inteira foi abandonada.

Uma forma de interpretar a história de Camp Century é como outra alegoria do Antropoceno. O ser humano se propõe a "conquistar seu ambiente", se felicita por sua desenvoltura e coragem, só para descobrir que as paredes estão se fechando. Expulse a natureza com um removedor de neve, mesmo assim ela sempre voltará depressa.

Mas não contei essa história por isso. Quer dizer, não é esse o principal motivo.

Camp Century pode ter sido uma estação de pesquisa Potemkin; entretanto, ali foram realizadas pesquisas reais. Apesar dos túneis deformados e vergados, uma equipe de glaciologistas começou a perfurar diretamente a camada de gelo. A equipe de prospecção retirou compridos e finos cilindros de gelo e prosseguiu até atingir a base. Os cilindros — mais de mil no total — representaram o primeiro núcleo de gelo completo da Groenlândia.[6] O que ele revelou sobre a história do clima era tão enigmático e improvável que os cientistas ainda estão tentando entender.

A primeira vez que li a respeito de Camp Century foi quando planejava uma visita à Groenlândia. Tinha marcado uma visita a uma operação de perfuração liderada pela Dinamarca chamada North Greenland Ice-core Project (ou, a versão abreviada, pela qual é mais conhecida, North GRIP). A operação estava situada num lugar ainda mais remoto que Camp Century, em cima de 3.200 metros de gelo. Para chegar lá, peguei carona num avião Hércules C-130 equipado com esquis, o Herc para os íntimos. O voo carregava muitos mil metros de cabo para perfuração, uma equipe de glaciologistas europeus e o ministro de pesquisa dinamarquês. (A Groenlândia é território dinamarquês, fato que o Exército norte-americano ignorou de bom grado ao planejar o Projeto Iceworm.) Como todos os demais, o ministro teve que sentar no compartimento do Herc, usando tampões de ouvido militares.

Ao desembarcar, fomos recebidos por um dos diretores da North GRIP, J. P. Steffensen. Usávamos pesadas botas isotérmicas e pesado equipamento de neve. Steffensen usava tênis velhos, uma parka imunda que não fechava direito, e estava sem luvas. Minúsculas estalactites de gelo pendiam de sua barba. Primeiro ele fez uma breve palestra a respeito dos perigos de desidratação. "Parece uma completa contradição em termos", ele disse. "Estão em cima de três mil metros de água. Mas é extremamente seco. Então se lembrem de fazer xixi." Depois resumiu o protocolo no campo. Havia dois banheiros à prova de gelo da Suécia, mas pediam encarecidamente aos homens para se aliviarem no gelo, num lugar designado com uma bandeirinha vermelha.

Uma das entradas de Camp Century.

North GRIP era decididamente um negócio modesto. Consistia em meia dúzia de tendas em tom cereja ao redor de um domo geodésico comprado por catálogo de vendas em Minnesota. Em frente ao domo, alguém tinha fincado o espirituoso símbolo padrão do isolamento — um marco mostrando a cidade mais perto, Kangerlussuaq, a oitocentos quilômetros de distância. —, uma palmeira de compensado. A vista em todas as direções era exatamente a mesma: uma extensão totalmente plana de branco que poderia ser descrito como sombrio ou, ao contrário, como sublime.

Abaixo do acampamento, um túnel de uns 25 metros de comprimento descia até a sala de perfuração. O cômodo tinha sido cavado no gelo, como as passagens em Camp Century, e lá dentro, a temperatura, mesmo em junho, nunca ficava mais alta do que congelante. Também como em Camp Century, o cômodo estava encolhendo. As

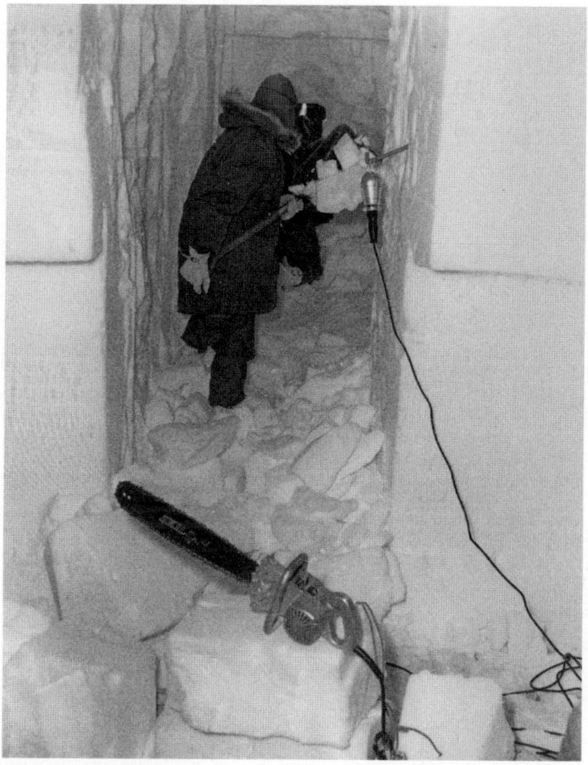

A manutenção dos túneis de Camp Century é feita com serras elétricas.

vigas de pinheiro instaladas para reforçar o teto já tinham cedido sob o peso da neve. A operação de perfuração começava todas as manhãs às oito em ponto. A primeira tarefa do dia era descer a broca, um tubo de uns seis metros de comprimento com ferozes dentes de metal numa das extremidades, até o fundo do poço. Uma vez posicionado, o tubo dentuço era ligado para girar, para que um cilindro de gelo fosse gradualmente se formando dentro dele. Em seguida, o cilindro era içado por meio de um cabo de aço. Da primeira vez que assisti ao processo, um glaciologista da Islândia e outro da Alemanha estavam operando os controles. Na profundidade alcançada — 2.950 metros — apenas a descida da broca levou uma hora. Durante esse tempo, não havia muito a ser feito pela dupla além de olhar seus computadores, acomodados em pequenas almofadas de aquecimento, e ouvir ABBA.

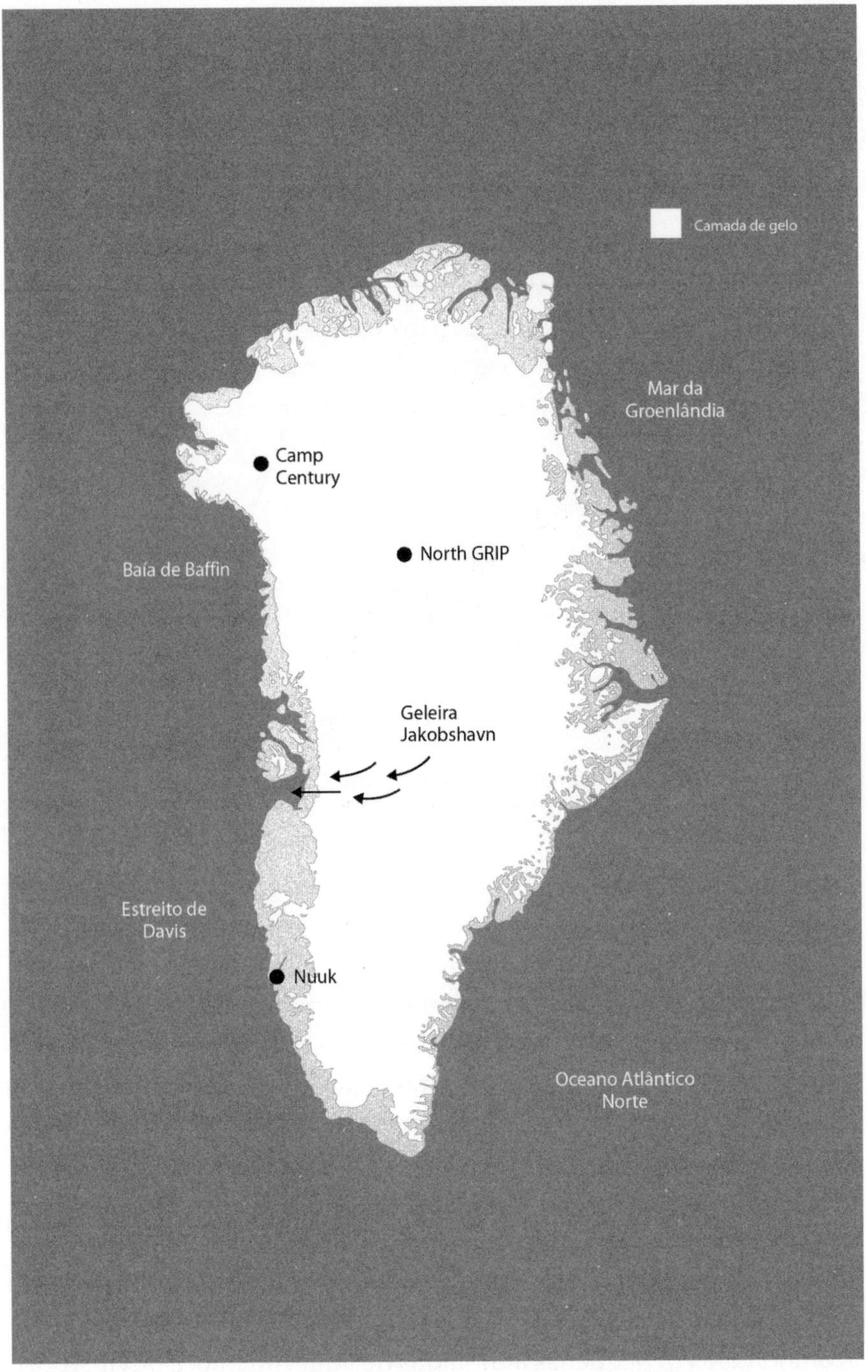

Camada de gelo
Mar da
Groenlândia
Camp
Century
North GRIP
Baía de Baffin
Geleira
Jakobshavn
Estreito de
Davis
Nuuk
Oceano Atlântico
Norte

"A palavra 'preso' não está no nosso vocabulário", me disse o islandês, com um riso nervoso.

Como todas as geleiras, toda a camada de gelo da Groenlândia é composta de neve acumulada. As camadas mais recentes são grossas e aeradas, enquanto as antigas são finas e densas, ou seja, perfurar o gelo é voltar atrás no tempo, a princípio de modo gradual e em seguida bem mais rápido. A uns 42 metros de profundidade, a neve data da Guerra Civil Americana; a uns 76 metros, neve da época de Platão; e a uma profundidade de 1.630 metros, neve da época em que pintores pré-históricos decoravam as cavernas em Lascaux. À medida que a neve é comprimida, sua estrutura de cristal se transforma em gelo. Mas na maioria dos outros aspectos, ela permanece inalterada, uma relíquia do momento em que se formou. No gelo da Groenlândia, há cinza vulcânica de Tambora, poluição do chumbo das fundições romanas, e poeira soprada da Mongólia pelos ventos da era do gelo. Cada camada contém pequeninas bolhas de ar preso, cada uma delas sendo uma amostra de uma atmosfera do passado. Para alguém capaz de lê-las, as camadas são um arquivo do céu.

Eventualmente, a equipe de perfuração puxou uma pequena seção do núcleo — uns 60 centímetros de comprimento e dez de diâmetro. Alguém foi buscar o ministro, que chegou na sala usando um conjunto de neve vermelho. A seção parecia muito com um cilindro de 60 centímetros de comprimento de gelo comum. Mas, explicou um dos perfuradores, era feita de neve caída há mais de 105 mil anos, no início da última era glacial. O ministro exclamou algo em dinamarquês e pareceu devidamente impressionado.

A primeira pessoa a se dar conta da quantidade de informação que podia ser extraída de um núcleo de gelo foi um geofísico, Willi Dansgaard, também dinamarquês, especialista na química da precipitação. Diante de uma amostra de água de chuva, ele podia, baseado em sua composição isotópica, determinar a temperatura na qual foi formada. Esse método, ele percebeu, também podia ser aplicado à neve. Quando, em 1967, Dansgaard ouviu falar do núcleo de Camp Century, pediu permissão para analisá-lo. Quando a autorização foi concedida, ficou um bocado surpreso. Os americanos, ele escreveu depois, pareciam não se dar conta de que a informação guardada em seu compartimento refrigerado era uma "mina de ouro".[7]

Em linhas gerais, a leitura de Dansgaard do núcleo de Camp Century confirmou o que já era conhecido em relação à história do clima.[8] A mais recente era glacial, conhecida nos Estados Unidos como a Wisconsin, começou em torno de uns 110 mil anos atrás. Durante a Wisconsin, camadas de gelo se espalharam pelo hemisfério norte até cobrirem a Escandinávia, o Canadá, a Nova Inglaterra, e grande parte do alto do Meio-Oeste. Durante esse período, a Groenlândia era frígida. Quando a Wisconsin terminou, cerca de dez mil anos atrás, a Groenlândia (e o resto do mundo) esquentou... Já os detalhes eram outro assunto. A análise de Dansgaard do núcleo sugeriu que no meio da última era do gelo, o clima da Groenlândia variava tanto que mal podia ser descrito como *um* clima. As temperaturas na camada de gelo tinham subido, aparentemente, até 8°C — mais de 14°F — em cinquenta anos. Depois caíram de novo, de modo quase igualmente abrupto. Isso não ocorrera apenas uma vez, mas muitas vezes. Uma oscilação de temperatura de 8°C? Foi como se a cidade de Nova York de repente tivesse se transformado em Houston, ou Houston se transformado em Riyadh, e depois voltasse tudo ao que era. Todos, inclusive Dansgaard, ficaram perplexos. Poderiam essas violentas oscilações nos dados corresponder a acontecimentos reais? Ou representavam algum tipo de falha?

No decorrer dos quarenta anos seguintes, mais cinco núcleos foram extraídos de diferentes partes da camada de gelo. Todas as vezes as estranhas oscilações apareceram. Nesse ínterim, outros recordes climáticos, incluindo depósitos de pólen de um lago na Itália, sedimentos oceânicos do Mar Arábico, e estalactites de uma caverna na China revelavam o mesmo padrão. As oscilações de temperatura se tornaram conhecidas, em homenagem a Dansgaard e um colega suíço, Hans Oeschger, como eventos Dansgaard-Oeschger. Há vinte e cinco desses eventos D-O registrados no gelo da Groenlândia. Richard Alley, glaciologista na Penn State, comparou o efeito a observar "uma criança de três anos de idade que acabou de descobrir um interruptor, ligando e desligando".[9]

A última grande oscilação ocorreu no finalzinho da era glacial, e foi impressionante.[10] As temperaturas na Groenlândia dispararam uns 15°F em uma década, ou talvez até mais rápido. Depois as coisas se acomodaram em um regime novo e bastante diferente. Pelos próximos dez mil anos, as temperaturas na Groenlândia (e no resto do mundo) permaneceram mais ou menos constantes, década após década, século após século.

Toda civilização se situa dentro de um período de relativa tranquilidade, e logo esse tipo de calma é o que consideramos como norma. É um erro compreensível, mas ainda assim um erro. Durante os últimos 110 mil anos, o único período tão estável quanto o nosso *é* o nosso.

Certa noite no North GRIP, entrevistei Steffensen no domo geodésico. Era meia-noite, mas do dia polar, então do lado de fora o sol estava brilhando. Os glaciologistas tomavam cerveja, jogavam jogos de tabuleiro e ouviam a trilha sonora de *Buena Vista Social Club.*

Levantei o tema da mudança climática. Talvez, sugeri, esperançosa, poderia evitar outra era glacial e mais eventos D-O. Ao menos poderíamos desviar desse desastre em particular!

Steffensen não ficou nada impressionado com minha sugestão. Ele pontuou que se alguém acreditava que o clima é inerentemente instável, a última coisa que ia querer fazer é mexer com ele. Recitou um velho ditado dinamarquês, cuja pertinência não compreendi por completo, ainda que mesmo assim tenha ficado na minha cabeça. Ele o traduziu como: "Fazer xixi nas calças só vai te manter aquecido por um tempo."

Começamos a falar sobre história do clima e da humanidade. Do ponto de vista de Steffensen, elas equivaliam a mais ou menos a mesma coisa. "Se você olha para a produção de núcleos de gelo, isso de fato mudou a imagem do mundo, nossa visão dos climas do passado, e da evolução humana", ele me disse. "Por que os seres humanos não fizeram a civilização cinquenta mil anos atrás?"

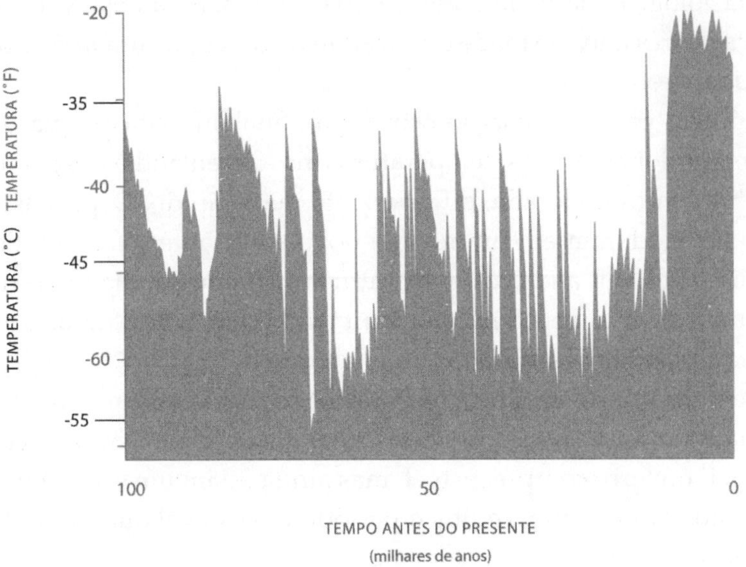

Durante a última era do gelo, as temperaturas no centro da Groenlândia oscilaram violentamente.

"Você sabe que eles tinham cérebros tão grandes quanto temos hoje", prosseguiu. "Quando você coloca em um contexto climático, você pode dizer, bem, foi na era do gelo. E também essa era glacial era tão instável climaticamente que toda vez que você tinha o início de uma cultura, eles tinham que se mudar. Em seguida vem o atual interglacial — dez mil anos de clima bastante estável. As condições perfeitas para a agricultura. Se você olhar para isso, é incrível. As civilizações na Pérsia, na China e na Índia começam ao mesmo tempo, talvez seis mil anos atrás. Todas desenvolveram a escrita e todas desenvolveram a religião e todas construíram cidades, todas ao mesmo tempo, porque o clima era estável. Acho que se o clima estivesse estável cinquenta mil anos atrás, teria começado ali. Mas eles não tiveram chance."

Estava vislumbrando outra viagem à Groenlândia, onde Steffensen e seus colegas estavam perfurando um novo núcleo de gelo, quando a

Covid-19 chegou. De repente, os planos de todo mundo ficaram suspensos, inclusive o meu. Quando as fronteiras fecharam e os voos foram cancelados, viajar para a camada de gelo — ou, na verdade, para qualquer lugar — se tornou impraticável. E aqui estava eu, tentando terminar um livro sobre como o mundo gira sem controle, só para descobrir que o mundo está girando tão fora de controle que eu não podia terminar o livro.

Cientistas ainda estão tentando encaixar as peças do que causou as malucas oscilações de temperatura que foram primeiramente avistadas no núcleo de Camp Century. Uma hipótese é que estejam relacionadas à perda de gelo do mar no Ártico, o que é inquietante, considerando o aquecimento global. Mas mesmo deixando de lado a possibilidade de um evento D-O induzido pelo homem, a calma dos últimos dez mil anos está chegando ao fim. Sem pretender ou mesmo se dar conta, a humanidade usou a estabilidade que teve a sorte de ter para criar instabilidade.

Desde 1990, as temperaturas na camada de gelo da Groenlândia subiram quase 3°C (mais de 5°F).[11] No mesmo período, o gelo perdido na Groenlândia cresceu sete vezes, de trinta bilhões de toneladas por ano a uma média de mais de 250 bilhões de toneladas por ano.[12] O derretimento está ocorrendo em mais e mais áreas e em elevações cada vez mais altas: durante dias excepcionalmente quentes do verão de 2019,[13] o derretimento foi detectado em mais de 95% da superfície da camada de gelo. Naquele verão — um recordista — a Groenlândia derramou quase seiscentos bilhões de toneladas de gelo,[14] produzindo água suficiente para encher uma piscina do tamanho da Califórnia com uma profundidade de 1,22 metro. "O Ártico atual vem vivenciando índices de aquecimento comparáveis a mudanças abruptas ou eventos D-O, registrados nos núcleos de gelo da Groenlândia",[15] uma equipe de cientistas dinamarqueses e noruegueses reportou recentemente. Como o processo de derretimento se retroalimenta — a água é escura e absorve a luz solar, enquanto o gelo é de cor clara e reflete a luz solar — há uma preocupação generalizada de que a Groenlândia possa estar chegando ao ponto além do qual a desintegração de toda a camada de gelo se torne inevitável.

Isso poderia levar séculos — até milênios — para acontecer, mas, no total, há gelo suficiente na Groenlândia para aumentar os níveis globais do mar em seis metros.

Assim como ocorre com as temperaturas, os níveis do mar mudaram dramaticamente no passado. No final da era Wisconsin, enquanto as grandes camadas de gelo se rompiam, houve períodos em que aumentaram à taxa surpreendente de cerca de trinta centímetros por década. (Até foi proposto que uma dessas "ondas de água de derretimento" inspirou a história do dilúvio no Gênesis.) Obviamente, nossos ancestrais lidaram com esse tumulto ou não estaríamos aqui. Mas, ao contrário de nós, levavam pouca bagagem. Como — e onde — você realocaria uma cidade como Boston ou Mumbai ou Shenzen? Propriedade privada, fronteiras nacionais, linhas de metrô, cabos de transmissão, tratamento de esgoto — são todos desenvolvimentos relativamente recentes na sociedade humana, e todos militam contra juntar tudo e ir embora. Nesse sentido, quase todas as cidades costeiras são, como Nova Orleans, comprometidas com a estagnação mesmo quando a estagnação se torna cada vez mais fugidia. Para combater o aumento do nível do mar e as tempestades mais mortais que ele traz, o Corpo de Engenheiros do Exército propôs a construção de uma série de ilhas artificiais no porto de Nova York. As ilhas seriam conectadas por gigantescos portões retráteis de uns dez quilômetros. Uma estimativa inicial de custo para o projeto chegou a mais de 100 bilhões de dólares.[16] Como alternativa, foi proposto que o aumento do nível do mar pudesse ser desacelerado ao se conter o gelo antártico ou ao bloquear o desaguar de um dos maiores glaciares da Groenlândia, a geleira Jakobshavn.

"Compreendemos a hesitação em interferir nos glaciares",[17] observaram os autores da proposta — cientistas dos Estados Unidos e da Finlândia — na *Nature*. "Como glaciologistas, conhecemos a beleza intocada desses lugares." Mas "se o mundo não fizer nada, as camadas de gelo continuarão encolhendo e as perdas vão acelerar. Mesmo se as emissões de gases de efeito estufa forem achatadas, o que parece improvável, levaria décadas até o clima estabilizar".

Primeiro você apressa uma geleira; depois tenta desacelerá-la erguendo um banco de concreto de noventa metros de altura e quase cinco de comprimento.

Este livro fala de pessoas tentando resolver problemas criados por pessoas tentando solucionar problemas. No processo de reportagem, conversei com engenheiros e engenheiros genéticos, biólogos e microbiólogos, cientistas atmosféricos e empreendedores atmosféricos. Sem exceção, todos se mostraram entusiasmados com seu trabalho. Mas, via de regra, esse entusiasmo era temperado de dúvida. A barreira elétrica contra peixes, a fenda de concreto, a caverna falsa, as nuvens sintéticas — me foram apresentadas menos em um espírito de tecno-otimismo e mais no que pode ser chamado de fatalismo tecnológico. Não eram aperfeiçoamentos nos originais; eram o melhor que alguém podia pensar em fazer, dadas as circunstâncias. Como um replicante em *Blade Runner* diz para Harrison Ford, que pode ou não estar interpretando um replicante: "Você acha que eu trabalharia num lugar igual a este se pudesse comprar uma cobra de verdade?"

É neste contexto que intervenções como a evolução assistida e reestruturação de genes e a escavação de milhões de buracos para plantar árvores têm de ser avaliadas. A Geoengenharia pode ser "uma loucura completa e um bocado desconcertante", mas se pudesse desacelerar o derretimento da camada de gelo da Groenlândia, ou afastar parte "da dor e do sofrimento", ou ajudar a evitar que ecossistemas-não-mais-totalmente-naturais de entrarem em colapso, não deve ser considerada?

Andy Parker é diretor do projeto da Solar Radiation Management Governance Initiative, cuja função é expandir a "conversa global" em torno da Geoengenharia. Sua analogia preferida com drogas para se referir à tecnologia é a quimioterapia. Ninguém em seu perfeito juízo se submeteria à quimioterapia caso existissem melhores opções à disposição. "Vivemos em um mundo", disse, "no qual ajustar deliberadamente o maldito Sol pode ser menos arriscado a não fazê-lo".[18]

Mas para imaginar que "ajustar o maldito Sol" possa ser menos perigoso a não ajustá-lo, você precisa imaginar não só que a tecnologia dará certo de acordo com o plano, mas também que será executada de acordo com o plano. E para isso é necessária muita imaginação. Como Keutsch, Keith e Schrag pontuaram para mim, cientistas só podem dar recomendações; a implementação depende de decisão política. Pode-se esperar que tal decisão seja tomada equitativamente em relação a quem está vivo hoje e às futuras gerações, tanto humanas quanto não humanas. Mas digamos que o recorde nesse caso não é muito alto. (Veja, por exemplo, a mudança climática.)

Suponha que o mundo — ou apenas um pequeno grupo de nações assertivas — lançasse uma frota de SAILs. E suponha que mesmo que os SAILs estejam voando e despejando cada vez mais toneladas de partículas, as emissões globais continuem a crescer. O resultado não será o retorno ao clima dos dias pré-industriais ou dos dias do Plioceno ou mesmo do Eoceno, quando crocodilos tomavam Sol nas costas árticas. Seria um clima sem precedentes para um mundo sem precedentes, no qual a carpa-prateada brilharia sob um céu branco.

AGRADECIMENTOS

ESTE LIVRO NÃO PODERIA TER SIDO ESCRITO SEM MUITA AJUDA. SOU profundamente grata às muitas pessoas que compartilharam comigo seus conhecimentos, suas experiências e seu tempo.

Por ajudar a entender como as carpas asiáticas chegaram aos Estados Unidos e para onde estão indo, gostaria de agradecer a Margaret Frisbie, Mike Alber e os Friends of the Chicago River, que me levaram em uma aventura maravilhosa no City Living. Também quero agradecer a Chuck Shea, Kevin Irons, Philippe Parola, Clint Carter, Duane Chapman, Robin Calfee, Anita Kelly, Drew Mitchell e Mike Freeze. Agradeço também a Tracy Seidemann e aos biólogos do Illinois DNR e pescadores contratados que me suportaram e minhas perguntas intermináveis.

Owen Bordelon gentilmente (e habilmente) voou comigo sobre o condado de Plaquemines, e David Muth e Jacques Hebert ajudaram a fazer isso acontecer. Clint Willson, Rudy Simoneaux, Brad Barth, Alex Kolker, Boyo Billiot, Chantel Comardelle, Jeff Hebert, Joe Harvey e Chuck Perrodin foram todos ótimos guias para as complexidades da vida ao longo do Mississippi.

As pessoas que trabalham para manter vivos os peixes do deserto dos Estados Unidos merecem um tipo especial de gratidão. Agradeço a Kevin Wilson, Jenny Gumm, Olin Feuerbacher, Ambre Chaudoin, Jeff Goldstein e Brandon Senger, que me levaram à contagem dos peixinhos no Buraco do Diabo. Agradeço também a Kevin Guadalupe, que me mostrou os peixes da piscina de Nevada e sem o qual não haveria nenhum para mostrar, e a Susan Sorrells, que trabalhou tanto para manter o peixe de Shoshone vivo. Agradeço também a Kevin Brown, que compartilhou comigo seu relatório sobre a história do Buraco do Diabo.

Ruth Gates faleceu quando eu estava na metade deste livro. Eu me sinto muito feliz por ter passado um tempo com ela em Moku o Lo'e e por sua ajuda quando eu estava apenas começando a conceber este projeto. Também sou extremamente grata a Madeleine van Oppen e a todos os outros dedicados cientistas marinhos que conheci quando estive na Austrália, incluindo Kate Quigley, David Wachenfeld, Annie Lamb, Patrick Buerger e Wing Chan. Obrigada, também, a Paul Hardisty e Marie Roman.

Mark Tizard e Caitlin Cooper foram incrivelmente generosos comigo quando os visitei em Geelong. Paul Thomas também foi, quando fui visitá-lo em Adelaide. A engenharia genética é um assunto extremamente complicado e agradeço a todos os três por me explicarem seu trabalho com tanta paciência. Lin Schwarzkopf gentilmente me levou para caçar sapos. Agradeço a Royden Saah, do GBIRd, e muito obrigado a Luana Maroja, do Williams College, que me ajudou generosamente com os pontos mais delicados da reestruturação de genes.

Tive muita sorte de visitar a Central Elétrica de Hellisheiði com Edda Aradóttir, apesar das restrições impostas pela Covid. Agradeço a ela e também a Ólöf Baldursdóttir por fazer isso acontecer. Klaus Lackner foi um anfitrião maravilhoso quando me encontrei com ele na Universidade Estadual do Arizona. Jan Wurzbacher, Louise Charles e Paul Ruser foram generosos com seu tempo quando visitei Zurique. Agradecimentos a Oliver Geden, Zeke Hausfather e Magnús Bernhardsson.

Fui falar com Frank Keutsch, David Keith e Dan Schrag em Harvard apenas alguns dias antes de todo o campus fechar devido à

Covid. Quero agradecer a todos por dedicarem seu tempo para me conduzir por meio das muitas complexidades — tanto técnicas quanto éticas — da Geoengenharia solar. Agradeço a Allison Macfarlane, que, em um sentido muito real, caminhou por estas páginas, e também a Lizzie Burns, Zhen Dai, Sir David King, Andy Parker, Gernot Wagner, Janos Pasztor e Cynthia Scharf.

Numa espécie de sentido anti-horário, este livro deve sua origem à visita que fiz ao North GRIP quando ele ainda existia. Agradecimentos a J. P. Steffensen, Dorthe Dahl-Jensen, Richard Alley e aos muitos glaciologistas incansáveis que estão trabalhando para entender o passado e o futuro da camada de gelo da Groenlândia. Agradeço também a Ned Kleiner, meu cientista climático favorito, que leu e comentou os capítulos-chave, e a Aaron e Matthew Kleiner, que ofereceram conselhos cruciais de última hora.

Sou grata à Fundação Alfred P. Sloan por sua ajuda generosa. Uma bolsa da fundação apoiou a pesquisa e as viagens para este livro e me permitiu produzir a reportagem estando em lugares que de outra forma não teria sido capaz de ir. Em 2019, passei um mês trabalhando neste projeto no Bellagio Center da Fundação Rockefeller. O cenário era incrível e a empresa inspiradora. Partes deste livro também foram escritas enquanto eu era bolsista no Centro de Estudos Ambientais do Williams College. Uma saudação aos alunos e professores do Centro. Um agradecimento especial a Walton Ford, cujo grande incentivo serviu de inspiração em tempos sombrios.

Muitas pessoas trabalharam com prazos apertados para transformar o manuscrito que enviei em um livro. Agradeço de coração a Caroline Wray, Simon Sullivan, Evan Camfield, Kathy Lord, Janice Ackerman, Alicia Cheng, Sarah Gephart, Ian Keliher e a equipe da MGMT Design. Estou em dívida com Julie Tate, que verificou fatos de vários desses capítulos, e com a equipe de verificação de fatos da *The New Yorker*. Quaisquer erros que tenham permanecido aqui são inteiramente meus.

Trechos deste livro foram publicados pela primeira vez na *The New Yorker*. Sou profundamente grata a David Remnick, Dorothy Wickenden, John Bennet e Henry Finder por seus conselhos e apoio no decorrer de tantos anos.

Gillian Blake nunca perdeu a fé neste projeto, apesar das complexidades que surgiram no caminho. Não posso agradecê-la o suficiente por seu incentivo, seus conselhos editoriais e seu bom senso. Kathy Robbins foi, como sempre, uma grande amiga. Um autor não poderia pedir uma leitora mais perspicaz ou uma defensora mais vigorosa.

Por fim, gostaria de agradecer ao meu marido, John Kleiner. Para pegar emprestado de Darwin, este livro saiu pela metade de seu cérebro, e não tenho certeza de como reconhecer isso o suficiente "sem dizer isso com tantas palavras". Nenhuma página disso teria sido escrita sem seus insights, seu entusiasmo e sua disposição de ler mais um rascunho.

NOTAS

PARTE 1

CAPÍTULO 1

1 Citação de Mark Twain em *Life on the Mississippi* [Vida no Mississippi], reedição (Nova York: Penguin Putnam, 2001), p. 54.

2 Joseph Conrad, *Coração das trevas*, publicado no Brasil pela Hedra, reedição (Nova York: Signet Classics, 1950), p. 102.

3 "A água do rio Chicago agora parece líquida", citação extraída de matéria publicada no jornal *The New York Times* em 14 de janeiro de 1900, p. 14.

4 Hill Libby, *The Chicago River; A Natural and Unnatural History* [O rio Chicago; uma história natural e não natural] (Chicago: Lake Claremont Press 2000), p. 127.

5 Citado no livro *The Chicago River*, p. 133.

6 Roger LeB. Hooke e José F. Martín-Duque, "Land Transformation by Humans: A Review", *GSA Today*, 22 (2012), p. 4-10.

7 Katy Bergen, "Oklahoma Earthquake Felt in Kansas City, and as Far as Des Moines and Dallas", *The Kansas City Star* (3 de setembro de 2016), disponível em: <www.kansascity.com/news/local/article99785512.html>.

8 Yinon M. Bar-On, Rob Phillips e Ron Milo "The Biomass Distribution on Earth", *Proceedings of the National Academy of Sciences*, 115 (2018), p. 6506-6511.

9 "Historical Vignette 113 — Hide the Development of the Atomic Bomb", *U.S. Army Corps of Engineers Headquarters*, disponível em: <www.usace.army.mil/About/History/Historical-Vignettes/Military-Construction-Combat/113- Atomic-Bomb/>.

10 P. Moy, C. B. Shea, J. M. Dettmers e I. Polls, "Chicago Sanitary and Ship Canal Aquatic Nuisance Species Dispersal Barriers", relatório disponível em: <www.

glpf.org/funded-projects/aquatic-nuisance-speciesdispersal-barrier-for-the--chicago-sanitary-and-ship-canal/>.

11 Citado por Thomas Just em "The Political and Economic Implications of the Asian Carp Invasion", *Pepperdine Policy Review*, 4 (2011), disponível em: <www.digitalcommons.pepperdine.edu/ppr/ vol4/iss1/3>.

12 Patrick M. Kočovský, Duane C. Chapman e Song Qian, "'Asian Carp' Is Societally and Scientifically Problematic. Let's Replace It", *Fisheries*, 43 (2018), p. 311–316.

13 Dados do *China Fisheries Yearbook 2016*, citado por Louis Harkell no artigo "China Claims 69m Tons of Fish Produced in 2016", *Undercurrent News* (19 de janeiro de 2017), disponível em: <www.undercurrentnews.com/2017/01/19/ministry--of-agriculture-china-produced-69m-tons-of-fish-in-2016/>.

14 William Souder, *On a Farther Shore, The Life and Legacy of Rachel Carson* (Nova York: Crown, 2012), p. 280.

15 Rachel Carson, *Primavera silenciosa* (São Paulo: Global, 2010, p. 297).

16 Andrew J. Mitchell e Anita J. Kelly, "The Public Sector Role in the Establishment of Grass Carp in the United States", *Fisheries*, 31 (2006), p. 113–121.

17 Anita M. Kelly, Carole R. Engle, Michael L. Armstrong, Mike Freeze e Andrew J. Mitchell, "History of Introductions and Governmental Involvement in Promoting the Use of Grass, Silver, and Bighead Carps", em *Invasive Asian Carps in North America*, Duane C. Chapman e Michael H. Hoff, eds. (Bethesda, Md.: *American Fisheries Society*, 2011), p. 163–174.

18 Henry David Thoreau, *A week on the Concord and Merrimack rivers*, nova edição (Nova York: Penguin, 1998), p. 31.

19 Duane C. Chapman, "Facts About Invasive Bighead and Silver Carps", publicação do United States Geological Survey, disponível em: <www.pubs.usgs.gov/fs/2010/3033/pdf/FS2010-3033.pdf>.

20 Dan Egan, *The Death and Life of the Great Lakes* (Nova York: Norton, 2017), p. 156.

21 Dan Chapman, *A War in the Water*, U.S. Fish and Wildlife Service, southeast region (19 de março de 2018), disponível em: <www.fws.gov/southeast/articles/a-war-in-the-water/>.

22 Dan Egan, *The Death and Life of the Great Lakes*, p. 177.

23 Citado por Tom Henry em "Congressmen Urge Aggressive Action to Block Asian Carp", *The Blade* (21 de dezembro de 2009), disponível em: <www.to-

ledoblade.com/local/2009/12/21/Congressmen-urge-aggressive-action-to-block-Asian-carp/stories/200912210014>.

24 "Lawsuit Against the U.S. Army Corps of Engineers and the Chicago Water District", Department of the Michigan Attorney General, disponível em: <www.michigan.gov/michigan.gov/ag/0,4534,7-359- 82915_82919_82129_82135-447414-,00.html>.

25 The Great Lakes and Mississippi River Interbasin Study, ou relatório GLMRIS, está disponível em: <www.glmris.anl.gov/documents/glmris-report/>.

26 Uma lista com as 187 espécies invasivas (segundo a última contagem) que se estabeleceram nos Grandes Lagos é apresentada pela NOAA (abreviação em inglês para Administração Oceânica e Atmosférica Nacional), disponível em: <www.glerl.noaa.gov/glansis/GLANSISposter.pdf>.

27 Phil Luciano, "Asian Carp More Than a Slap in the Face", *Peoria Journal Star* (21 de outubro de 2003), disponível em: <www.pjstar.com/article/20031021/NEWS/310219999>.

28 Doug Fangyu, "Asian Carp: Americans' Poison, Chinese People's Delicacy", *China Daily USA* (13 de outubro de 2014), disponível em: < www.usa.chinadaily.com.cn/epaper/2014-10/13/content_18730596.htm>.

CAPÍTULO DOIS

1 Amy Wold, "Washed Away: Locations in Plaquemines Parish Disappear from Latest NOAA Charts", *The Advocate* (29 de abril de 2013), disponível em: <www.theadvocate.com/baton_rouge/news/article_f60d4d55-e26b-52c0-b9bb-bed2ae0b348c.html>.

2 Citado no livro de John McPhee, *The Control of Nature* (ed. Nova York: Noonday, 1990), p. 26.

3 Liviu Giosan e Angelina M. Freeman, "How Deltas Work: A Brief Look at the Mississippi River Delta in a Global Context", em *Perspectives on the Restoration of the Mississippi Delta*, John W. Day, G. Paul Kemp, Angelina M. Freeman e David P. Muth, eds. (Dordrecht, Netherlands: Springer, 2014), p. 30.

4 Christopher Morris, *The Big Muddy: An Environmental History of the Mississippi and Its Peoples from Hernando de Soto to Hurricane Katrina* (Oxford: Oxford University Press, 2012), p. 42.

5 Citado por Morris em *The Big Muddy*, p. 45.

6 Citado por Morris em *The Big Muddy*, p. 45.

7 Citado por Lawrence N. Powell em *The Accidental City: Improvising New Orleans* (Cambridge, Mass.: Harvard University Press, 2012), p. 49.

8 Christopher Morris, *The Big Muddy*, p. 61.

9 John M. Barry, *Rising Tide: The Great Mississippi Flood of 1927 and How It Changed America* (Nova York: Touchstone, 1997), p. 40.

10 Donald W. Davis, "Historical Perspective on Crevasses, Levees, and the Mississippi River", em *Transforming New Orleans and Its Environs*, Craig E. Colten, ed. (Pittsburgh: University of Pittsburgh, 2000), p. 87.

11 Citado por Richard Campanella em "Long before Hurricane Katrina, There Was Sauve's Crevasse, One of the Worst Floods in New Orleans History", *Nola.com* (11 de junho de 2014), disponível em: <www.nola.com/ nola.com/entertainment_life/home_garden/article_ea927b6b-d1ab-5462-9756-ccb1acdf092e.html>.

12 Para considerações completas a respeito das fendas no período de 1773 a 1927, ver Davis, "Historical Perspectives on Crevasses, Levees, and the Mississippi River", p. 95.

13 Davis, "Historical Perspectives on Crevasses, Levees, and the Mississippi River", p. 100.

14 A estimativa dos prejuízos causados pela grande enchente de 1927 apresenta variações consideráveis; algumas chegam ao valor de 1 bilhão de dólares, quase 15 bilhões de dólares em valores atuais.

15 Citado por Christine A. Klein e Sandra B. Zellmer em *Mississippi River Tragedies: A Century of Unnatural Disaster* (Nova York: New York University, 2014), p. 76.

16 D. O. Elliott, *The Improvement of the Lower Mississippi River for Flood Control and Navigation*: volume 2 (St. Louis: Mississippi River Commission, 1932), p. 172.

17 D. O. Elliott, *The Improvement of the Lower Mississippi River for Flood Control and navigation*, volume 2, p. 326.

18 O trecho foi escrito por Michael C. Robinson em *The Mississippi River Commission: An American Epic* (Vicksburg, Miss.: Mississippi River Commission, 1989).

19 Davis, "Historical Perspectives on Crevasses, Levees, and the Mississippi River", p. 85.

20 John Snell, "State Takes Soil Samples at Site of Largest Coastal Restoration Project, Despite Plaquemines Parish Opposition", *Fox8live* (última atualização em

23 de agosto de 2018), disponível em: < www.fox8live.com/story/38615453/state-takes-soil-samples-at-site-of-largest-coastal-restoration-project-despite--plaquemines-parish-opposition/>.

21 Cathleen E. Jones et al., "Anthropogenic and Geologic Influences on Subsidence in the Vicinity of New Orleans, Louisiana", *Journal of Geophysical Research: Solid Earth*, 121 (2016), p. 3867–3887.

22 Thomas Ewing Dabney, "New Orleans Builds Own Underground River", *New Orleans Item* (2 de maio de 1920), p. 1.

23 Jack Shafer, "Don't Refloat: The Case against Rebuilding the Sunken City of New Orleans", *Slate* (7 de setembro de 2005), disponível em: <www.slate.com/news-and-politics/2005/09/the-case-against-rebuilding-the-sunken-city-of-ne-w-orleans.html>.

24 Klaus Jacob, "Time for a Tough Question: Why Rebuild?", *The Washington Post* (6 de setembro de 2005).

25 Relatórios da Bring New Orleans Back Commission, instituída pelo prefeito Ray Nagin, estão arquivados e disponíveis em: <www.columbia.edu/itc/journalism/cases/katrina/city_of_new_orleans_bnobc.html>.

26 Mark Schleifstein, "Price of Now-Completed Pump Stations at New Orleans Outfall Canals Rises by $33.2 Million", *New Orleans Times-Picayune* (última atualização em 12 de julho de 2019), disponível em: <www.nola.com/news/environment/article_7734dae6-c1c9-559b-8b94-7a9cef8bb6d8.html>.

27 Klein e Zellmer, *Mississippi River Tragedies*, p. 144.

28 Quantos pântanos amortecem as tempestades é um tema bastante debatido. Esta estimativa é citada no livro de Klein e Zellmer, *Mississippi River Tragedies*, p. 141.

29 A história das aldeias Biloxi, Chitimacha e Choctaw da ilha de Jean Charles, bem como o último plano de reassentamento, estão disponíveis em: <www.isle-dejeancharles.com>.

30 O preço do projeto da via fluvial de Morganza para desembocar no Golfo do México continua sofrendo alterações. Esses dados são do final dos anos 1990, quando o Corpo de Engenheiros decidiu não estender a construção de diques à ilha de Jean Charles.

31 John McPhee, *The Control of Nature*, p. 50.

32 John McPhee, *The Control of Nature*, p. 69.

PARTE 2

CAPÍTULO 1

1 Na época de Manly, a montanha ainda não recebera nome oficial; sua localização é reconhecida em Richard E. Lingenfelter, *Death Valley & the Amargosa: A Land of Illusion* (Berkeley: University of California, 1986), p. 42.

2 William L. Manly, *Death Valley in '49: The Autobiography of a Pioneer*, reedição (Santa Barbara, Calif.: The Narrative Press, 2001), p. 105.

3 Linbenfelter, *Death Valley & the Amargosa*, p. 34-35.

4 Manly, *Death Valley in '49*, p. 106.

5 Manly, *Death Valley in '49*, p. 99.

6 O relato dessa experiência é contado por Manly em *Death Valley in '49*, p. 113.

7 Citado por James E. Deacon e Cynthia Deacon Williams, "Ash Meadows and the Legacy of the Devils Hole Pupfish", em *Battle Against Extinction: Native Fish Management in the American West*, W. L. Minckley e James E. Deacon, eds. (Tucson: The University of Arizona, 1991), p. 69.

8 Manly, *Death Valley in '49*, p.107.

9 Christopher J. Norment, *Relicts of a Beautiful Sea: Survival, Extinction, and Conservation in a Desert World* (Chapel Hill: University of North Carolina, 2014), p. 110.

10 As imagens da câmera de segurança foram reveladas junto com a história por Veronica Rocha em "3 Men Face Felony Charges in Killing of Endangered Pupfish in Death Valley", *Los Angeles Times* (13 de maio de 2016), disponível em: <www.latimes.com/local/lanow/la-me-ln-pupfish-charges-20160513-snap-story.html>.

11 Paige Blankenbuehler, "How a Tiny Endangered Species Put a Man in Prison", *High Country News* (15 de abril de 2019).

12 Esse cálculo foi baseado em dados de Norment em *Relicts of a Beautiful Sea*, p. 120.

13 Manly, *Death Valley in '49*, p. 13.

14 Manly, *Death Valley in '49*, p. 64.

15 Henry David Thoreau, *Thoreau's Journals*, vol. 20 (anotação no diário datada de 23 de março de 1856), transcrição disponível em: <www.thoreau.library.ucsb.edu/writings_ journals20.html>.

16 Joel Greenberg, *A Feathered River Across the Sky: The Passenger Pigeon's Flight to Extinction* (Nova York: Bloomsbury, 2014), p. 152–155.

17 William T. Hornaday, *The Extermination of the American Bison with a Sketch of Its Discovery and Life History* (Washington, D.C.: Government Printing Office, 1889), p. 387.

18 Hornaday, *The Extermination of the American Bison*, p. 525.

19 Aldo Leopold, *A Sand County Almanac*, reedição (Nova York: Ballantine, 1970), p. 117.

20 Anthony D. Barnosky et al., "Has the Earth's Sixth Mass Extinction Already Arrived?", *Nature*, volume 471 (3 de março de 2011), p. 51–57.

21 A lista, compilada pela U.S. North American Bird Conservation Initiative, está disponível em: <www.allaboutbirds.org/news/state-of-the-birds-2014-common-birds-in-steep-decline-list/>.

22 Caspar A. Hallmann et al., "More than 75 Percent Decline over 27 Years in Total Flying Insect Biomass in Protected Areas", *PLoS ONE*, 12 (2017), disponível em: <www.journals.plos.org/plosone/article?id=10.1371/journal.pone.0185809>.

23 C.N. Waters et al., "Global Boundary Stratotype Section and Point (GSSP) for the Anthropocene Series: Where and How to Look for Potential Candidates", *Earth-Science Reviews*, 178 (2018), p. 379–429.

24 Proclamation 2961, 17 Fed. Reg. 691 (23 de janeiro de 1952).

25 Para a lista completa de testes nucleares por data, ver: U.S. Department of Energy, National Nuclear Safety Administration Nevada Field Office, *United States Nuclear Tests: July 1945 through September 1992* (Alexandria, Va.: U.S. Department of Commerce, 2015), disponível em: <www.nnss.gov/docs/docs_LibraryPublications/DOE_NV-209_Rev16.pdf>.

26 Este plano é descrito por Kevin C. Brown em *Recovering the Devils Hole Pupfish: An Environmental History* (National Park Service, 2017), p. 315. A versão digital da história foi generosamente fornecida pelo autor.

27 Brown, *Recovering the Devils Hole Pupfish*, p. 142.

28 Brown, *Recovering the Devils Hole Pupfish*, p. 145.

29 Brown, *Recovering the Devils Hole Pupfish*, p. 139.

30 Brown, *Recovering the Devils Hole Pupfish*, p. 303.

31 Edward Abbey, *Desert Solitaire: A Season in the Wilderness*, reedição (Nova York: Touchstone, 1990), p. 126.

32 Abbey, *Desert Solitaire*, p. 21.

33 Norment, *Relicts of a Beautiful Sea*, p. 3-4.

34 Stanley D. Gehrt, Justin L. Brown e Chris Anchor, "Is the Urban Coyote a Misanthropic Synanthrope: The Case from Chicago", *Cities and the Environment*, volume 4 (2011), disponível em: <www.digitalcommons.lmu.edu/cate/vol4/iss1/3/.

35 Para a lista de animais "possivelmente extintos" mais atualizada da IUCN, ver: www.iucnredlist.org/statistics>.

36 J. Michael Scott et al., "Recovery of Imperiled Species under the Endangered Species Act: The Need for a New Approach, *Frontiers in Ecology and the Environment*, 3 (2005), p. 383–389.

37 Henry David Thoreau, *Walden*, publicado no Brasil pela Edipro, reedição (Oxford: Oxford University, 1997), p. 10.

38 Mary Austin, *The Land of Little Rain*, reedição (Mineola, N.Y.: Dover, 2015), p. 61.

39 Robert R. Miller, James D. Williams e Jack E. Williams, "Extinctions of North American Fishes During the Past Century", *Fisheries*, 14 (1989), p. 22–38.

40 Edwin Philip Pister, "Species in a Bucket", *Natural History* (janeiro de 1993), p. 18.

41 C. Moon Reed, "Only You Can Save the Pahrump Poolfish", *Las Vegas Weekly* (9 de março de 2017), disponível em: <www.lasvegasweekly.com/news/2017/mar/09/pahrump-poolfish-lake-harriet-spring-mountain/>.

42 J. R. McNeill, *Something New Under the Sun: An Environmental History of the Twentieth-Century World* (Nova York: Norton, 2000), p. 194.

CAPÍTULO 2

1 Richard B. Aronson e William F. Precht, "White-Band Disease and the Changing Face of Caribbean Coral Reefs", *Hydrobiologia*, 460 (2001), p. 25–38.

2 Alexandra Witze, "Corals Worldwide Hit by Bleaching", *Nature* (8 de outubro de 2015), disponível em: <www.nature.com/news/corals-worldwide-hit-by-bleaching-1.18527>.

3 Jacob Silverman et al., "Coral Reefs May Start Dissolving When Atmospheric CO2 Doubles", *Geophysical Research Letters*, volume 36 (2009), disponível em: <www.agupubs.on-linelibrary.wiley.com/doi/full/10.1029/2008GL036282>.

4 O. Hoegh-Guldberg et al., "Coral Reefs Under Rapid Climate Change and Ocean Acidification", *Science*, volume 318 (2007), p. 1737-1742.

5 Charles Darwin, *Viagem de um naturalista ao redor do mundo*, editado no Brasil pela L&PM Pocket (Nova York: P.F.Collier, 1909), p. 406.

6 Darwin, Charles *Darwin's Beagle Diary*, Richard Darwin Keynes, ed. (Cambridge: Cambridge University, 1988), p. 418.

7 Janet Browne, *Charles Darwin: Voyaging* (Nova York: Knopf, 1995), p. 437.

8 Charles Darwin, *On the Origin of Species: A Facsimile of the First Edition* (Cambridge, Mass.: Harvard University, 1964), p. 84.

9 De "Epitaph for a Favourite Tumbler Who Died Aged Twelve", assinado Columba, poema completo disponível em: <www.darwinspigeons.com/#/victorian-pigeon-poems/4535732923>.

10 Darwin escreveu isso em carta endereçada ao amigo Thomas Eyton, citado por Janet Browne em *A origem das espécies de Darwin, uma biografia*, publicado no Brasil pela editora Zahar, p. 525.

11 Charles Darwin, *A origem das espécies*, publicado no Brasil pela editora Madras, p. 20-21.

12 Charles Darwin, *A origem das espécies*, ed. Madras, p. 109.

13 Bill Mckibben, *O fim da natureza*, ed. no Brasil pela Nova Fronteira (Nova York: Random House, 1989).

14 Esse dado foi informado por Neal Cantin, um cientista pesquisador que entrevistei no SeaSim (15 de novembro de 2019).

15 Robinson Meyer, "Since 2016, Half of All Coral in the Great Barrier Reef Has Died", *The Atlantic* (18 de abril de 2018), disponível em: <www.theatlantic.com/science/archive/2018/04/since-2016-half-the-coral-in-the-great-barrier-reef-has-perished/5583 02/>.

16 Terry P. Hughes et al., "Global Global warming transforms coral reef assemblages", *Nature*, volume 556 (2018), p. 492–496.

17 Mark D. Spalding, Corinna Ravilious e Edmund P. Green, *World Atlas of Coral Reefs* (Berkeley: University of California, 2001), p. 27.

18 Spalding et al., *World Atlas of Coral Reefs*, p. 27.

19 Laetitia Plaisance et al., "The Diversity of Coral Reefs: What Are We Missing?" *PLoS ONE*, 6 (2011), disponível em: <www.journals.plos.org/plosone/article?id=10.1371/ journal.pone.0025026>.

20 Nancy Knowlton, "The Future of Coral Reefs", *Proceedings of the National Academy of Sciences*, 98 (2001), p. 5419–5425.

21 Richard C. Murphy, *Coral Reefs: Cities under the Sea* (Princeton, N.J.: The Darwin Press, 2002), p. 33.

22 Roger Bradbury, "A World Without Coral Reefs", *The New York Times* (13 de julho de 2012), A17.

23 Great Barrier Reef Marine Park Authority, *Great Barrier Reef Outlook Report 2019* (Townsville, Aus.: GBRMPA, 2019), vi. O relatório completo está disponível em: <www.elibrary.gbrmpa.gov.au/jspui/handle/11017/3474/>.

24 "Adani Gets Final Environmental Approval for Carmichael Mine", *Australian Broadcasting Corporation News* (última atualização em 13 de junho de 2019), disponível em: <www.abc.net.au/news/2019-06-13/adani-carmichael-coal-mine--approved-water-management-galilee/11203208>.

25 Jeff Goodell, "The World's Most Insane Energy Project Moves Ahead", *Rolling Stone* (14 de junho de 2019), disponível em: <www.rollingstone.com/politics/politics-news/adani-mine-australia-climate-change-848315/>.

26 Charles Darwin, *A origem das espécies*, p. 489.

CAPÍTULO 3

1 Josiah Zayner, "How to Genetically Engineer a Human in Your Garage — Part I," disponível em: <www.josiahzayner.com/2017/01/genetic-designer-part-i.html>.

2 Jennifer A. Doudna e Samuel H. Sternberg, *A Crack in Creation: Gene Editing and the Unthinkable Power to Control Evolution* (Boston: Houghton Mifflin Harcourt, 2017), p. 119.

3 Waring Trible et al, "*orco* Mutagenesis Causes Loss of Antennal Lobe Glomeruli and Impaired Social Behavior in Ants", *Cell*, 170 (2017), p. 727–735.

4 Peiyuan Qiu et al., "BMAL1 Knockout Macaque Monkeys Display Reduced Sleep and Psychiatric Disorders", *National Science Review*, 6 (2019), p. 87–100.

5 Seth L. Shipman et al., "CRISPR-Cas Encoding of a Digital Movie into the Genomes of a Population of Living Bacteria", *Nature*, 547 (2017), p. 345–349.

6 Muitos meses depois da minha visita, o Laboratório Australiano de Saúde Animal foi renomeado como Centro Australiano de Preparação para Doenças.

7 U.S. Fish and Wildlife Service, "Cane Toad (*Rhinella marina*) Ecological Risk Screening Summary", versão web (revisada em 5 de abril de 2018), disponível em: <www.fws.gov/fisheries/ans/erss/highrisk/ERSS-Rhinella-marina-final--April2018.pdf. >

8 L. A. Somma, "Rhinella marina (Linnaeus, 1758)", U.S. Geological Survey, *Nonindigenous Aquatic Species Database* (revisado em 11 de abril de 2019), disponível em: <www.nas.er.usgs.gov/queries/FactSheet.aspx?SpeciesID=48>.

9 Rick Shine, *Cane Toad Wars* (Oakland: University of California, 2018), p. 7.

10 Byron S. Wilson et al., "Cane Toads a Threat to West Indian Wildlife: Mortality of Jamaican Boas Attributable to Toad Ingestion", *Biological Invasions*, 13 (2011), disponível em: <www.link.springer.com/article/10.1007/s10530-010-9787-7>.

11 Rick Shine, *Cane Toad Wars*, p. 21.

12 Benjamin L. Phillips et al., "Invasion and the Evolution of Speed in Toads", *Nature*, 439 (2006), p. 803.

13 Karen Michelmore, "Super Toad", *Northern Territory News* (16 de fevereiro de 2006), p. 1.

14 Rick Shine, *Cane Toad Wars*, p. 4. Ver também: "The Biological Effects, Including Lethal Toxic Ingestion, Caused by Cane Toads (Bufo marinus): Advice to the Minister for the Environment and Heritage from the Threatened Species Scientific Committee (TSSC) on *Amendments to the List of Key Threatening Processes under the Environment Protection and Biodiversity Conservation Act 1999* (EPBC Act)" (12 de abril de 2005), disponível em: <www.environment.gov.au/biodiversity/threatened/key-threatening-processes/biological-effects-cane-toads>.

15 House of Representatives Standing Committee on the Environment and Energy, *Cane Toads on the March: Inquiry into Controlling the Spread of Cane Toads* (Canberra: Commonwealth of Australia, 2019), p. 32.

16 Robert Capon, "Inquiry into Controlling the Spread of Cane Toads, Submission 8" (fevereiro de 2019). Disponível para download em: www.aph.gov.au/Parliamentary_Business/Committees/House/Environment_and_Energy/Canetoads/Submissions>.

17 Naomi Indigo et al., "Not Such Silly Sausages: Evidence Suggests Northern Quolls Exhibit Aversion to Toads after Training with Toad Sausages", *Austral Ecology*, 43 (2018), p. 592–601.

18 Austin Burt e Robert Trivers, *Genes in Conflict: The Biology of Selfish Genetic Elements* (Cambridge, Mass.: Belknap, 2006), p. 4-5.

19 Burt e Trivers, *Genes in Conflict*, p. 3.

20 Burt e Trivers, *Genes in Conflict*, p. 13-14.

21 James E. DiCarlo et al., "Safeguarding CRISPR-Cas9 Gene Drives in Yeast", *Nature Biotechnology*, 33 (2015), p. 1250–1255.

22 Valentino M. Gantz e Ethan Bier, "The Mutagenic Chain Reaction: A Method for Converting Heterozygous to Homozygous Mutations", *Science*, 348 (2015), p. 442–444.

23 Doudna e Sternberg estimam que se as moscas-das-frutas geneticamente modificadas escapassem, poderiam espalhar o gene da cor amarela para entre 1/5 e 1/2 de todas as moscas-das-frutas do mundo inteiro. *A Crack in Creation*, p. 151.

24 GBIRd website disponível em: <www.geneticbiocontrol.org>.

25 Thomas A. A. Prowse, et al., "Dodging Silver Bullets: Good CRISPR Gene-Drive Design Is Critical for Eradicating Exotic Vertebrates", *Proceedings of the Royal Society B*, 284 (2017), disponível em: <www.royalsocietypublishing.org/doi/10.1098/rspb.2017.0799>.

26 Richard P. Duncan, Alison G. Boyer e Tim M. Blackburn, "Magnitude and Variation of Prehistoric Bird Extinctions in the Pacific", *Proceedings of the National Academy of Sciences*, 110 (2013), p. 6436–6441.

27 Elizabeth A. Bell, Brian D. Bell e Don V. Merton, "The Legacy of Big South Cape: Rat Irruption to Rat Eradication", *New Zealand Journal of Ecology*, 40 (2016), p. 212–218.

28 Lee M. Silver, *Mouse Genetics: Concepts and Applications* (Oxford: Oxford University, 1995), adaptado para o web pela Mouse Genome Informatics, The Jackson Laboratory (revisado em janeiro de 2008), disponível em: <www.informatics.jax.org/ silver/>.

29 Alex Bond, "Mice Wreak Havoc for South Atlantic Seabirds", *British Ornithologists' Union*, disponível em: <www.bou.org.uk/blog-bond-gough-island-mice-seabirds/>.

30 Rowan Jacobsen, "Deleting a Species", *Pacific Standard* (junho-julho de 2018, atualizado em 7 de setembro de 2018), disponível em: <www.psmag.com/magazine/deleting-a-species-genetically-engineering-an-extinction>.

31 Jaye Sudweeks et al., "Locally Fixed Alleles: A Method to Localize Gene Drive to Island Populations", *Scientific Reports*, 9 (2019), disponível em: <www.doi.org/10.1038/s41598-019-51994-0>.

32 Bing Wu, Liqun Luo e Xiaojing J. Gao, "Cas9-Triggered Chain Ablation of Cas9 as Gene Drive Brake", *Nature Biotechnology*, 34 (2016), p. 137–138.

33 Revive & Restore website, disponível em: <www.reviverestore.org/projects/>.

34 Dr. Seuss, *The Cat in the Hat Comes Back* (Nova York: Beginner Books, 1958), p. 16.

35 Edward O. Wilson, *The Future of Life* (Nova York: Vintage, 2002), p. 53.

36 Wilson, *Half-Earth: Our Planet's Fight for Life* (Nova York: Liveright, 2016), p. 51.

37 Paul Kingsnorth, "Life Versus the Machine", *Orion* (inverno de 2018), p. 28–33.

PARTE 3

CAPÍTULO 1

1 William F. Ruddiman, *Plows, Plagues, and Petroleum: How Humans Took Control of Climate* (Princeton, N.J.: Princeton University, 2005), p. 4.

2 Informações históricas sobre emissões foram obtidas graças a Hannah Ritchie e Max Roser em "CO2 and Greenhouse Gas Emissions", *Our World in Data* (última revisão em agosto de 2020), disponível em: <www. ourworldindata.org/CO2-and-other-greenhouse-gas-emissions>.

3 Benjamin Cook, "Climate Change Is Already Making Droughts Worse", *CarbonBrief* (14 de maio de 2018), disponível em: <www. carbonbrief.org/guest-post-climate-change-is-already-making-droughts-worse>.

4 Kieran T. Bhatia et al., "Recent Increases in Tropical Cyclone Intensification Rates", *Nature Communications*, 10 (2019), disponível em: <www.doi.org/10.1038/s41467-019-08471-z>.

5 W. Matt Jolly et al., "Climate-Induced Variations in Global Wildfire Danger from 1979 to 2013", *Nature Communications*, 6 (2015), disponível em: <www.doi.org/10.1038/ncomms8537>.

6 A. Shepherd et al., "Mass Balance of the Antarctic Ice Sheet from 1992 to 2017", *Nature*, 558 (2018), p. 219–222.

7 Curt D. Storlazzi et al., "Most Atolls Will Be Uninhabitable by the Mid-21st Century Because of Sea-Level Rise Exacerbating Wave-Driven Flooding", *Science Advances*, 25 (2018), disponível em: <www.advances.sciencemag.org/content/4/4/eaap9741>.

8 O texto completo do Acordo de Paris em inglês está disponível em: <www. unfccc.int/files/essential_background/convention/application/pdf/english_paris_agreement.pdf>.

9 Há diversas maneiras de calcular quanto CO2 ainda pode ser emitido se o mundo quiser permanecer na faixa abaixo de 1,5° ou de 2°C; estou usando os dados do "orçamento restante de carbono" publicados pelo Mercator Research Institute on Global Commons and Climate Change e disponíveis em: <www.mcc-berlin.net/en/research/CO2-budget.html>.

10 K. S. Lackner e C. H. Wendt, "Exponential Growth of Large Self-Reproducing Machine Systems", *Mathematical and Computer Modelling*, 21 (1995), p. 55-81.

11 Wallace S. Broecker e Robert Kunzig, *Fixing Climate: What Past Climate Changes Reveal About the Current Threat — and How to Counter It* (Nova York: Hill and Wang, 2008), p. 205.

12 Klaus S. Lackner e Christophe Jospe, "Climate Change Is a Waste Management Problem", *Issues in Science and Technology*, 33 (2017), disponível em: <www.issues.org/climate-change-is-a-waste-management-problem/>.

13 Lackner e Jospe, "Climate Change Is a Waste Management Problem".

14 Chris Mooney, Brady Dennis e John Muyskens, "Global Emissions Plunged an Unprecedented 17 Percent during the Coronavirus Pandemic", *The Washington Post* (19 de maio de 2020), no site: https://www. washingtonpost.com/climate-environment/2020/05/19/greenhouse-emissions-coronavirus/?arc404=true>.

15 Moléculas individuais de carbono estão em constante ciclo entre a atmosfera e os oceanos e entre ambos e a vegetação do mundo. Contudo, os níveis de CO2 na atmosfera são governados por processos bem mais lentos. Para uma discussão mais completa, ver Doug Mackie, "CO2 Emissions Change Our Atmosphere for Centuries", *Skeptical Science* (última atualização em 5 de julho de 2015), disponível em: <www.skepticalscience.com/argument. php?p=1&t=77&&a=80>.

16 Todos os dados relativos às emissões agregadas foram extraídos de Hannah Ritchie, "Who Has Contributed Most to Global CO2 Emissions?", *Our World in*

Data (1º de outubro de 2019), no site: https://www.ourworldindata.org/contributed-most-global-CO2>.

17 Sabine Fuss et al., "Betting on Negative Emissions", *Nature Climate Change, 4* (2014), p. 850–852.

18 J. Rogelj et al., "Mitigation Pathways Compatible with 1.5°C in the Context of Sustainable Development", no *Global Warming of 1.5°C: An IPCC Special Report*, V. Masson-Delmotte et al., eds., Intergovernmental Panel on Climate Change (8 de outubro de 2018), disponível em: <www.ipcc.ch/site/assets/ uploads/sites/2/2019/02/SR15_Chapter2_Low_Res.pdf>.

19 Calcular as emissões das viagens áreas é complicado, e diferentes grupos dão estimativas diferentes para a mesma viagem. Confio no calculador de carbono de voos do myclimate.org>.

20 Jean-Francois Bastin et al., "The Global Tree Restoration Potential", *Science*, 364 (2019), p. 76–79.

21 Katarina Zimmer, "Researchers Find Flaws in High-Profile Study on Trees and Climate", *The Scientist* (17 de outubro de 2019), disponível em: <www.the-scientist.com/news-opinion/researchers-find-flaws-in-high-profile-study-on--trees-and-climate--66587. DOI:10.1126/science.aay7976>.

22 Joseph W. Veldman et al., "Comment on 'The Global Tree Restoration Potential'", *Science*, 366 (2019), disponível em: <www.science.sciencemag.org/content/366/6463/eaay7976>.

23 Ning Zeng, "Carbon Sequestration Via Wood Burial", *Carbon Balance and Management*, 3 (2008), disponível em: <www.doi.org/10.1186/1750-0680-3-1>.

24 Stuart E. Strand and Gregory Benford, "Ocean Sequestration of Crop Residue Carbon: Recycling Fossil Fuel Carbon Back to Deep Sediments," *Environmental Science and Technology*, volume 43 (2009), p. 1000–1007.

25 Zeng, "Carbon Sequestration Via Wood Burial".

26 Jessica Strefler et al., "Potential and Costs of Carbon Dioxide Removal by Enhanced Weathering of Rocks", *Environmental Research Letters* (5 de março de 2018), disponível em: <www.dx.doi.org/10.1088/1748-9326/aaa9c4>.

27 Olúfẹ́mi O. Táíwò, "Climate Colonialism and Large-Scale Land Acquisitions", *C2G* (26 de setembro de 2019), disponível em: <www.c2g2.net/climate-colonialism-and-large-scale-land-acquisitions/>.

CAPÍTULO 2

1 Clive Oppenheimer, *Eruptions that Shook the World* (Nova York: Cambridge University, 2011), p. 299.

2 Clive Oppenheimer, *Eruptions that Shook the World*, p. 310.

3 O relato do Rajah of Sanggar é citado na obra de Oppenheimer, *Eruptions that Shook the World*, p. 299.

4 Esse relato, feito pelo capitão de um navio da East India Company, é citado por Gillen D'Arcy Wood em *Tambora: The Eruption that Changed the World* (Princeton, N.J.: Princeton University, 2014), p. 21.

5 South Dakota State University, "Undocumented Volcano Contributed to Extremely Cold Decade from 1810–1819", *ScienceDaily* (7 de dezembro de 2009), disponível em: <www.sci-encedaily.com/releases/2009/12/091205105844.htm>.

6 Citado por Oppenheimer em *Eruptions that Shook the World*, p. 314.

7 William K. Klingaman e Nicholas P. Klingaman, *The Year Without Summer: 1816 and the Volcano That Darkened the World and Changed History* (Nova York: St. Martin's, 2013), p. 46.

8 Wood, *Tambora*, p. 233.

9 Citado por Klingaman e Klingaman em *The Year Without Summer*, p. 64.

10 Citado por Klingaman e Klingaman em *The Year Without Summer*, p. 104.

11 Citado por Oppenheimer em *Eruptions that Shook the World*, p. 312.

12 James Rodger Fleming, *Fixing the Sky: The Checkered History of Weather and Climate Control* (Nova York: Columbia University, 2010), p. 2.

13 Essa avaliação foi feita por Tim Flannery e citada por Mark White em "The Crazy Climate Technofix", *SBS* (27 de maio de 2016), disponível em: <www.sbs.com.au/topics/science/earth/feature/geoengineering-the-crazy-climate-technofix.

14 Holly Jean Buck, *After Geoengineering: Climate Tragedy, Repair, and Restoration* (Londres: Verso, 2019), p. 3.

15 Dave Levitan, "Geoengineering Is Inevitable", *Gizmodo* (9 de outubro de 2018), disponível em: <www.earther.gizmodo.com/ geoengineering-is-inevitable-1829623031>.

16 "Global Effects of Mount Pinatubo", *NASA Earth Observatory* (15 de junho de 2001), disponível em: <www.earthobservatory.nasa.gov/images/1510/global-effects-of-mount-pinatubo>.

17 William B. Grant et al., "Aerosol-Associated Changes in Tropical Stratospheric Ozone Following the Eruption of Mount Pinatubo", *Journal of Geophysical Research*, 99 (1994), p. 8197–8211.

18 President's Science Advisory Committee, *Restoring the Quality of Our Environment: Report of the Environmental Pollution Panel* (Washington, D.C.: The White House, 1965), p. 126.

19 *Restoring the Quality of Our Environment*, p. 123.

20 *Restoring the Quality of Our Environment*, p. 127.

21 H. E. Willoughby et al., "Project STORMFURY: A Scientific Chronicle 1962–1983", *Bulletin of the American Meteorological Society*, 66 (1985), p. 505–514.

22 Fleming, Fixing the Sky, p. 180.

23 National Research Council, *Weather & Climate Modification: Problems and Progress* (Washington, D.C.: The National Academies Press, 1973), p. 9.

24 Citado por Fleming em *Fixing the Sky*, p. 202.

25 Nikolai Rusin e Liya Flit, *Man Versus Climate*, Dorian Rottenberg, trans. (Moscou: Peace Publishers, 1962), p. 61–63.

26 Rusin e Flit, *Man Versus Climate*, p. 174.

27 David W. Keith, "Geoengineering the Climate: History and Prospect", *Annual Review of Energy and the Environment*, 25 (2000), p. 245–284.

28 Mikhail Budyko, *Climatic Changes*, American Geophysical Union, trans. (Baltimore: Waverly, 1977), p. 241.

29 Mikhail Budyko, *Climatic Changes*, p. 236.

30 Joe Nocera, "Chemo for the Planet", *The New York Times* (19 de maio de 2015), A25.

31 David Keith, carta ao editor, *The New York Times* (27 de maio de 2015), A22.

32 David Keith, *A Case for Climate Engineering* (Cambridge, Mass.: MIT, 2013), xiii.

33 Wake Smith e Gernot Wagner, "Stratospheric Aerosol Injection Tactics and Costs in the First 15 Years of Deployment", *Environmental Research Letters*, 13 (2018), disponível em: <www.doi.org/10.1088/1748-9326/aae98d>.

34 Estima-se que o custo de subsídios de combustível fóssil em todo o nosso planeta totalize 5.2 trilhões de dólares em 2017; ver David Coady et al., "Global Fossil Fuel Subsidies Remain Large: An Update Based on Country-Level Estimates", *IMF* (2 de maio de 2019), disponível em: <www.imf.org/en/Publications/WP/

Issues/2019/05/02/Global-Fossil-Fuel-Subsidies-Remain-Large-An-Update-Based-on-Country-Level-Estimates-46509>.

35 Smith and Wagner, "Stratospheric Aerosol Injection Tactics and Costs".

36 Smith and Wagner, "Stratospheric Aerosol Injection Tactics and Costs".

37 Ben Kravitz, Douglas G. MacMartin e Ken Caldeira, "Geoengineering: Whiter Skies?", *Geophysical Research Letters*, 39 (2012), disponível em: <www.doi.org/10.1029/2012GL051652>.

38 Alan Robock, "Benefits and Risks of Stratospheric Solar Radiation Management for Climate Intervention (Geoengineering)", *The Bridge* (primavera de 2020), p. 59–67.

39 Dan Schrag, "Geobiology of the Anthropocene", in *Fundamentals of Geobiology*, Andrew H. Knoll, Donald E. Canfield e Kurt O. Konhauser, eds. (Oxford: Blackwell Publishing, 2012), p. 434.

CAPÍTULO 3

1 Citado em Erik D. Weiss, "Cold War Under the Ice: The Army's Bid for a Long-Range Nuclear Role, 1959-1963", *Journal of Cold War Studies*, 3 (2001), p. 31-58.

2 *The Story of Camp Century: The City Under Ice*, documentário feito pelo Exército dos Estados Unidos, de 1963 (versão digitalizada de 2012).

3 Ronald E. Doel, Kristine C. Harper e Matthias Heymann, "Exploring Greenland's Secrets: Science, Technology, Diplomacy and Cold War Planning in Global Contexts", in *Exploring Greenland: Cold War Science and Technology on Ice*, Ronald E. Doel, Kristine C. Harper e Matthias Heymann, eds. (Nova York, Palgrave, 2016), p. 16.

4 Kristian H. Nielsen, Henry Nielsen e Janet Martin-Nielsen, "City Under the Ice: The Closed World of Camp Century in Cold War Culture", *Science as Culture*, 23 (2014), p. 443–464.

5 Willi Dansgaard, *Frozen Annals: Greenland Ice Cap Research* (Odder, Denmark: Narayana Press, 2004), p. 49.

6 Jon Gertner, *The Ice at the End of the World: An Epic Journey Into Greenland's Buried Past and Our Perilous Future* (Nova York: Random House, 2019), p. 202.

7 Willi Dansgaard, *Frozen Annals*, p. 55.

8 W. Dansgaard et al., "One Thousand Centuries of Climatic Record from Camp Century on the Greenland Ice Sheet", *Science*, 166 (1969), p. 377–380.

9 Richard B. Alley, *The Two-Mile Time Machine: Ice Cores, Abrupt Climate Change, and Our Future* (Princeton: Princeton University, 2000), p. 120.

10 Richard B. Alley, *The Two-Mile Time Machine*, p. 114.

11 Esses dados foram fornecidos por Konrad Steffen, vítima de morte trágica numa camada de gelo na época em que este livro ia para a impressão. São citados em: Gertner, "In Greenland's Melting Ice, A Warning on Hard Climate Choices", *e360* (27 de junho de 2019), disponível em: <www.e360.yale.edu/features/in--greenlands-melting-ice-a-warning-on-hard-climate-choices>.

12 A. Shepherd et al., "Mass Balance of the Greenland Ice Sheet from 1992 to 2018", *Nature*, 579 (2020), p. 233–239.

13 Marco Tedesco e Xavier Fettweis, "Unprecedented Atmospheric Conditions (1948–2019) Drive the 2019 Exceptional Melting Season over the Greenland Ice Sheet", *The Cryosphere*, 14 (2020), p. 1209–1223.

14 Ingo Sasgen et al., "Return to Rapid Ice Loss in Greenland and Record Loss in 2019 Detected by GRACE-FO Satellites", *Communications Earth & Environment*, 1 (2020), disponível em: <www.doi.org/10.1038/s43247-020-0010-1>.

15 Eystein Jansen et al., "Past Perspectives on the Present Era of Abrupt Arctic Climate Change", *Nature Climate Change*, 10 (2020), p. 714–721.

16 Peter Dockrill, "U.S. Army Weighs Up Proposal For Gigantic Sea Wall to Defend N.Y. from Future Floods," *Science Alert* (20 de janeiro de 2020), disponível em: <www.sciencealert.com/storm-brewing-over-giant-6-mile-sea-wall-to-defend--new-york-from-future-floods>.

17 John C. Moore et al., "Geoengineer Polar Glaciers to Slow Sea-Level Rise", *Nature*, 555 (2018), p. 303–305.

18 Andy Parker é citado em Brian Kahn, "No, We Shouldn't Just Block Out the Sun," *Gizmodo* (24 de abril de 2020), disponível em: <www.earther.gizmodo.com/no--we-shouldnt-just-block-out-the-sun-1843043812>. Não apaguei o palavrão.

CRÉDITOS DAS IMAGENS

Página 32: ©Ryan Hagerty, U.S. Fish and Wildlife Service.

Página 47: ©Drew Angerer/Getty Images.

Página 53: The Historic New Orleans Collection, 1974.25.11.2.

Página 65: ©Danita Delimont/Alamy Stock Photo.

Página 77: National Park Service Photo, por Brett Seymour/Submerged Resources Center.

Página 78: MGMT. Design adaptado de Alan C. Riggs e James E. Deacon, "Connectivity in Desert Aquatic Ecosystems: The Devil Hole Story".

Páginas 85 e 86: Fotografias de Phil Pister, California Department of Fish and Wildlife and Desert Fishes Council, Bishop, Califórnia.

Página 103: Originalmente publicado em Charles Darwin, *Animals and Plants Under Domestication*, vol. 1.

Página 105: MGMT. design.

Página 109: Fotografia ©Wilfredo Licuanan, cortesia de Corals of the World, coralsoftheworld.org.

Página 116: ©James Craggs, Horniman Museum and Gardens.

Página 126: MGMT. design.

Página 128: Fotografia de Arthur Mostead Photography. AMPhotography.com.au.

Página 130: MGMT. design.

Página 135: MGMT. design.

Página 150: Cortesia do Departamento de Energia dos Estados Unidos/Pacific Northwest National Laboratory.

Página 157: MGMT. design, adaptado de Zeke Hausfather, baseado nos dados de *Global Warming of 1.5°C: An IPCC Special Report*.

Página 159: MGMT. design, adaptado de *Global Warming of 1.5°C: An IPCC Special Report*, figura 2.5.

Página 165: MGMT. design.

Página 168: ©Iwan Setiyawan/AP Photo/KOMPAS Images.

Página 172: MGMT. design.

Página 175: Cortesia de soviet-art.ru.

Página 178: MGMT. design, adaptado de David Keith.

Página 190: Fotografia de Pictorial Parade/Archive Photos/Getty Images.

Página 191: Fotografia do Exército dos Estados Unidos/ Pictorial Parade/ Archive Photos/Getty Images.

Página 192: MGMT. design.

Página 196: MGMT. design, adaptado de Kurt M. Cuffey e Gary D. Clow, "Temperature, Accumulation, and Ice Sheet Elevation in Central Greenland Through the Last Deglacial Transition", *Journal of Geophysical Research* 102 (1997).